GO GO GO

陳東陽◎著

行銷故事

MARKETING STORY BOOK

書

業務新鮮人必備，向狗狗學行銷
推銷商品前先學會推銷自己

原書名：狗最懂行銷

編輯室報告

行政院經建會在民國八十九年八月通過的「知識經濟發展方案」中指出：近代經濟的發展，來自於生產力長期的累積增加；生產力長期持續增加的原因，即來自於知識不斷的累積與有效應用。近十年以來，由資訊通訊科技所帶動的技術變革，已徹底改變了人類生活與生產的模式，在二十一世紀也將成為影響各國經濟發展榮枯的重要因素。

根據經濟發展的階段來區分的話，社會經濟體系粗分為農業社會與工業社會。在農業社會，土地與勞力是決定經濟發展的主要力量，在工業社會，資本與技術是決定經濟發展的主要力量。

近年來，經濟學家發現，資本不再是主導經濟發展的力量，知識的運用與創新才是經濟成長的動力。因此，以知識為基礎的經濟體系於焉形成，形成繼工業革命之後另一個全球性的經濟大變革。

　　知識經濟是指以知識的生產、傳遞、應用為主的經濟體系。在知識經濟體系下，新的觀念與新的科技快速往前推進，您跟上時代了嗎？您找到自己位置了嗎？您的競爭力夠嗎？

　　知識經濟並不僅存在於知識分子，也不是在高科技產業中才看得到，個人和企業若是具備改革和創新的能力，也就是有效的利用資訊來創造價值的能力，就是在實踐知識經濟。

　　不管是個人或企業，善用知識經濟的力量，可以達到創新、提高附加價值、降低成本、提升競爭力，進而完成新高峰的個人價值或企業發展。

　　在這個全新的時代裡，每個人都擁有無數的機會，成功的故事隨時都在上演，只要您願意提升個人的競爭力，善用頭腦發現創意，明日，人生的舞台上您就是眾人矚目的主角。

　　對於經理人來說，這本書可以幫助您有效提升管理的能力，進而提升企業競爭力，讓您在變幻無窮的商業競爭中快人一步、佔得先機；對於一般上班族來說，這本書可以儲備您的職場能力，讓您在升遷的道路上比其他人跑得快。

前言

　　瑞典 IKEA 是二十世紀少數幾個令人刮目相看的商業奇蹟之一。

　　事實上，瑞典人經常把宜家的創始人坎普拉跟瑞典前首相佩爾相提並論，之所以會這樣，是因為大多數瑞典人都相信，「如果說佩爾為瑞典人建立了家的話，那裝飾這個家的，就是坎普拉」。

　　坎普拉於一九二六年出生於瑞典南部的斯莫蘭省，由於受家庭的影響，從五歲那年起，坎普拉就開始在自己的小夥伴們當中銷售火柴，進而為自己以後建立龐大的商業王國奠定了基礎。

　　當回憶起這段年少時光的時候，坎普拉這樣說道：「那時我就透過推銷火柴賺了不少錢，當其他賣火柴的小夥伴們向我討教推銷秘訣時，我總是教他們去向客戶死纏濫打，因為在我看來，火柴是家家戶戶都必備的東西，所以只要你在推銷的時候有足夠的耐心和毅力，他們遲早會

買你的。」

可是事實證明，其他的小夥伴並沒有因此而提高銷售業績，原因非常簡單：他們沒有足夠的耐心和毅力。

相信每個人都曾經見過這種人，他們在自己的工作中彷彿處處遊刃有餘，總是表現得非常出色。他們可能是一位出色的服務員，總是能夠準確地預料到客戶的需要，及時送上貼心的服務；也可能是一位優秀的經理人，總是能夠讓自己的下屬鬥志昂揚，讓自己的公司利潤豐厚；他們也可能是一名遠近馳名的教師，所有的孩子都奉他為心目中的偶像，就連家長們也經常跑來向他諮詢一些關於孩子的問題……

神奇的是，這些人似乎從來不用「努力」去做一件事情，對他們來說，事情就是那麼簡單，在輕輕鬆鬆之間，他們就能成為「第一名」。

我們每個人都希望自己也能夠像這些人一樣，成為自己行業的頂尖高手，成為一個經常被人討教經驗的專家級人物，我們希望自己能夠擁有卓爾不群的天賦，希望有朝一日自己可以輕輕鬆鬆地成為最出色的經理人、推銷員、教師、編輯……一句話，無論從事哪一個行業，我們都不

願意成為一個平庸的人！

　　問題是，雖然人人都想在自己的行業裡發揮出自己的天賦，可是很少人相信自己具備所需要的天賦。什麼是天賦呢？為什麼有的人有天賦，而有的人似乎怎麼努力也無法取得預期的結果呢？那些似乎對自己的工作頗有天賦的人到底有何不同之處呢？

　　為了回答這一問題，蓋洛普公司曾經用了幾十年的時間，投資數百萬美元對來自全球各地的二十五萬名銷售代表和二萬五千名銷售經理進行了研究，研究的結果顯示：這個世界上，根本不存在任何一種所謂「萬能」的銷售模式，由於每個人的知識背景、性格特點和交往方式都是不同的，所以要想成為一名真正成功的銷售人員，首先必須發現自己的優勢，然後根據自己的特點去選擇適合自己的銷售方式。

　　這也正是本書的核心觀點。

　　從理念上來講，本書可以說跟蓋洛普公司的研究結果一脈相承。作者相信，對於任何一位推銷行業的從業人員來說，要想取得成功，首先必須發掘自身的特質，並根據自己的特點選擇適合自己的銷售方法，透過對將近三十餘

例精彩推銷實戰案例的分析，作者將所有的銷售人員劃分為十三個類型，並針對不同的銷售人員提出了具體而實用的銷售建議。

在對不同銷售人員進行分析的過程當中，作者匠心獨具，以狗喻人，談笑妙喻之間道出了一條條推銷領域的至高法則，讀來輕鬆，生動有趣，也極能發人深省，相信對於所有需要在日常生活中向別人推銷自己的產品、觀點、想法、創意的人來說，本書都具有極強的啟發性。

目　錄

第一篇

如何找到你的銷售狗

　　仔細想一想，其實我們每個人都是一隻銷售狗，在內心深處，我們無時無刻都在推銷自己，試圖讓別人接受我們的建議或觀點。銷售的技巧是如此重要，以致於銷售幾乎成了每個人都關心的話題，遺憾的是，當每個人都希望透過模仿銷售明星而成為明日之星的時候，問題就出現了……

第一章　為什麼叫銷售狗？

在大學的市場行銷課上，老師曾經講過一個故事：

有一家經營木梳的公司，為了進一步擴大市場，準備高薪招聘行銷主管。招聘廣告剛一貼出，報名者就達數千人，而公司只需一個銷售主管。面對眾多應聘者，招聘工作負責人突發奇想。俗話說：相馬不如賽馬。於是，為了選拔高能力的行銷主管，這位負責人給眾多的應聘者出了一道難題：把木梳賣給和尚。（搞錯了吧！和尚又沒有頭髮，買木梳做什麼？沒錯，就是把木梳賣給和尚，為了能讓同學們都能聽清楚，市場行銷學老師一連重複了三次。）結果這個問題一出，就嚇退了一大批應聘者，最後只剩下寧死不屈的甲、乙、丙三人。負責人要求這三人以十天為限，然後再根據銷售成果決定三人的去留。

十天後，甲、乙、丙三人按時回來向公司負責人彙報。

負責人先問甲：「你賣出多少？」

甲答：「一把。」

「怎麼賣的？」

甲滿腹委屈的說：「那日我去了一座寺廟，拿著一把木梳向正在念經的一群小和尚推銷，結果誰知道那群小和尚那麼不講理，不買也就算了，還一蜂窩的圍過來揍我。好在我逃得快。不過在下山途中我遇到一個小和尚，他在使勁搔頭皮但好像還是很癢，於是我靈機一動，趕忙遞上木梳，小和尚用後甚是喜歡，才買了一把。」

負責人又轉身問乙：「那你呢？」

聽到甲才賣了一把，乙滿懷希望地說：「我賣了十把。」

「我去的是一座名山古寺。那裡每天都有很多善男信女去進香。由於山高風大，進香者的頭髮很容易被風吹亂。於是我找到住持說：「這些施主都是信佛的，蓬頭垢面是對佛的不敬，如果在香案上放上幾把梳子，讓他們梳理整齊了再進香，那豈不是美事一樁？住持聽之覺得有理，便買下十把。」說完乙不屑地看了一眼丙。

丙回視了乙一眼，轉向負責人，說：「我賣了一千把。」甲和乙都「啊」的大吃一驚。

可以先稍停片刻，你不會也是這種表情吧！賣梳子給和尚，而且還賣了一千把，可能嗎？難道和尚都長了頭髮？那一定是帶髮修行吧！別瞎猜了，等你看完這本書，說不一定比丙賣得還要多，不信等著瞧。

言歸正傳，丙說他和乙的經歷差不多，也去過一個久負盛名、香火鼎旺的深山寶剎，而他看出的卻是另一種現象，他對住持說：「凡來進香朝拜者，多有一顆虔誠之心，我們也應有所回饋，以做紀念。而我恰有一批木梳，大師的書法超群，可在木梳上刻上『積善梳』三個字，分發給前來朝拜的信徒們，以激勵進香者多做善事。」住持聞之大喜，立即買下一千把木梳，並請丙一起出席「積善梳」的首贈儀式。雖然一把木梳並不值錢，但香客們卻非常高興，一傳十、十傳百，結果朝拜者更多，香火更旺。這還不算，住持還希望丙能多賣給寺院一些不同類型的木梳，以便贈送給各種喜好的施主與香客。

當然，這次招聘的結果不言而喻，同是十天，同是去寺廟，卻有不同的結果，為什麼呢？我們再轉到先前的那個話題上，那就是因為甲和乙沒有找到適合的銷售法，而丙不但找到了，而且找到的正合他意。我們不妨想像一下：三個銷售人員牽著三隻狗，其中的兩隻狗只懂狗性，

拉著主人四處亂跑，結果一無所獲，而另一隻狗呢？則通了人性，懂得主人的心思，於是牠邊走邊嗅，直接把牠的主人帶到了需要牠主人產品的那個地方。

不要認為這很奇怪，事實往往就是這樣，這種狗的確存在，即使不會是那種有血有肉的，也會是那種能劈開空氣，在空氣中能幻化狗形的狗，也許這一點只有從事銷售的人員才能明白。不過你應該能明白，否則你就不會看這本書了；既然看了，就證明你懂銷售，至少是想懂。不太懂不要緊，我說過，看完這一章後你一定會懂的。到現在如果你還不懂，那接著看下面這個例子，直接以狗打比方，應該更容易理解吧！

對於金毛尋回犬（Golden Retriever），也許你並不熟悉（其實我也不熟悉），但講完這些後你也許會明白我的用意。

金毛尋回犬是英國犬類的一種，光是牠的來歷眾說紛紜。其中的一個傳說就是：有一天 Dudley Marjoribanks 爵士（後來的 Tweedmouth 爵士）在英國布賴頓的海邊度假勝地看到八隻俄國種的雜技團狗正在表演雜耍。Dudley 爵士被這些狗的表演深深地吸引住了，於是，他便來到馬戲團並向馬戲團團主提出購買其中兩隻狗的想法。他的要求

遭到了拒絕，因為馬戲團團主告訴他如果其中的兩隻狗被賣出的話，就會破壞這一組狗的整體表演性。最後，Dudley 爵士決定把這八隻狗全部買下。而後，這八隻狗透過與現有血獵犬的混血便形成了今日的金毛尋回犬。也就是說，金毛尋回犬很有可能是 Dudley 爵士蘇格蘭農場裡獵犬的後裔。

說了這麼多，好像與本書還沒有任何關係，別急，這些題外話多知道點也無妨。

金毛尋回犬可能是繼承了祖先的各種優點，既敏感又很溫柔，因此在長期以來，牠既是獵人的好夥伴，也是家庭飼養的寵物之一，美麗的外表使牠們在展示或各種比賽中倍受青睞。

其實在這一句話當中，你也只需要記住一個詞即可，溫柔。狗性溫柔，人更不用提了。你可千萬別叫停，罵人的意思我是沒有，只是打一個比方，目的只有一個：讓你成為銷售高手。

剛才說到哪兒了？對了，我們正把狗性跟人性進行比對。人性也有溫柔的一面，其情勝於狗。如果你是一個銷售人員，而且自認為你的性格溫柔，那麼想必你會對所有

人溫柔吧！包括你的客戶（當然，特殊情況除外，比如你剛和你的妻子吵完架）。記住了，「溫柔」這兩個字就是你的優點，如果實在記不住，你可以想一想那隻既能狩獵又能依在你腿旁的英國金毛尋回犬（假設你就養了一隻這種狗），牠是不是很溫柔啊？你要抓住這兩個字，不管你採取什麼方法，你試想一想：我是個溫柔的銷售員，那麼怎麼才能以我的溫柔來打動我的客戶呢？採取什麼策略最合適呢？不管以何種方式，只要讓你的客戶對你的產品滿意並達成這筆交易，那麼你從「溫柔」這兩個字所悟出的體會就足夠了。

所有成功人士都有自己的一套獨特的銷售方法，這種銷售方法完全是根據自身的條件量身定做的，如果你想照本宣科的去模仿這些人的銷售方法，那我勸你還是提早死心的好，因為任何一種再好的銷售方式都不能直接嫁接——他人之蜂蜜，有可能是自己之毒藥；更何況，人家牽著的這隻狗，對人家是服服貼貼的，一旦到你手裡，恐怕會把你折騰得遍體鱗傷。所以說，即使是多花一點工夫，還是找一條適合自己的狗好。

第二章　你就是一隻銷售狗

下面要講的這個故事，在這個行業裡應該是人人皆知：

一家鞋業製造公司派出了兩名銷售人員去一個南太平洋島國推銷他們公司的鞋子。來到這個國家後，他們發現這個國家的人無論是國王還是平民，竟然無一人穿鞋子。銷售員甲很失望，覺得自己來錯了地方，向公司總部報告說：「這裡根本就沒有市場，這裡的人全部赤足，哪裡會買我們的鞋子。」而另一個銷售員乙向總部彙報時則說：「這裡的市場潛力真是太大了。沒想到這裡的人都不穿鞋子，我一定會說服他們都買我們的鞋子，我還打算把家搬到這裡來，在這個島國長期駐紮下去呢！」

兩年後，這裡的人都穿上了鞋。

同是一個環境，不同的人就會有不同的結果。那麼我們也可以說，銷售員甲和銷售員乙是兩種不同品種的銷售狗。他們的性格特徵不同，以致於對同一事物所採取的態

度也會有所不同。

如果你曾經試圖說服一個人，讓他支持你的觀點；曾經請求過一個人，讓他同意你的看法；曾經和一個人談判，讓他同意你提出的條件，那麼你也是在做銷售。銷售就是說服他人採取行動，去做一件他們開始或許並不十分想做的事。

銷售是充滿樂趣的，節奏感快，有時甚至特別刺激。

其實，許多銷售人員都有這樣的體會，銷售行業的生活簡直就是「狗一樣的生活」，在這種調侃中多少有幾分真理，身為銷售人員，和那些人類忠實的狗狗們確實有著許多相似之處。千萬別動氣，這種比喻在你看來可能不恰當，但其實你心裡明白，誰是人類最好的朋友？誰對你最忠誠？——狗唄。

你同意我的觀點了吧！那好，下面的部分我們就把你叫做銷售狗了——你不反對的話！

事實上，銷售狗的生活並不像我們想像的那麼簡單，要想成為冠軍銷售狗更不是那麼容易的事。「沒有銷售狗，企業就無法生存，沒有銷售狗，企業就無法擴展。」

幾乎所有了不起的企業領導者、成功的企業家，他們的成功都緣於他們所接受過的銷售培訓和他們自己的銷售經驗。

一隻銷售狗的成功，不是靠努力去模仿別人的特色，而是學習如何發掘自己獨特的潛質。所以，你必須對你自身的特點有一個大概瞭解，即你是屬於哪一種狗。只有對這些瞭解清楚了，才能找到適合你自己的方式。再強調一下，你所要做的只是瞭解自己所屬的品種，並去學習其他品種的優點，然後再依照你的品種和其他品種的優勢總結出來的模式採取行動。在下一章節裡，我們將對十一種狗狗的種類和強勢、弱勢等進行較為詳細的介紹，拿銷售人員的性格特徵與這十一個品種的狗狗的性格特徵作比對，如果你對銷售感興趣的話，其實這是一種容易學又有效的方法，透過這種方法，你可能對你從事或正要從事的這個行業一目了然。

要想成為一隻了不起的銷售狗，你會遇到很多障礙，比如，你有時候需要跳過欄杆去爭取目標，這個時候你必須要改變以往的狗的規則，犧牲自己一些神聖的原則來換取最好的交易。當然，這個時候的你就像一隻固執的狗，不願意被其他同類推搡到一邊，更不願意被人踢開，你只

是一心想著眼前那根沒有肉的骨頭。

　　雖然每一種銷售狗都有其獨特的一面，但他們確實也有著許多相似之處。每一隻銷售狗都有其獨特的本領，在大多數時間裡，和他們相處都會讓你感覺到非常愉快。比如，有些品種的銷售狗，和他們在一起你會立刻放鬆下來，而有時你會覺得他們有旺盛的精力。當然，有的品種的銷售狗還會令人反感。

　　其實，並不是所有的銷售狗都能成功的推銷出產品，有的不但成功推銷出去了，而且還是大量的，而有的則根本就推銷不出去，有的銷售狗即使說起話來頭頭是道，但是在最終快成交時卻有一點停滯不前，這其中的原因之一就是你是否有能力學習並運用制勝的技巧。有的銷售狗能吸收對自己來說比較陌生的銷售技巧，有的銷售狗則只是原地踏步，而那些肯學習的銷售狗透過學習很有可能成為一隻超級銷售狗。所以透過本書的學習，你必須要瞭解自己擅長什麼，以及還有哪些技巧是需要繼續錘鍊的。

　　那麼，你究竟屬於哪一種銷售狗呢？

　　我們來看下一章節。

第二篇
銷售狗種

　　當你知道了自己屬於哪一種銷售狗之後，你就有可能成為冠軍銷售狗而過著你夢寐以求的生活。不過你要先瞭解自己天生的強項，這樣就可以利用它們來為自己贏得有利的成果；你也必須看到你的薄弱環節，並學會去彌補這些弱點，這樣才能使你在生活的各個方面都不會被「不」所拒絕。

測驗：

我們來做一個小測驗，看看你想養哪種寵物狗。所謂「打狗看主人」，狗與主人之間有著「非比尋常」的關係，究竟是什麼關係呢？

選擇項：

A．聖伯納犬

B．牛頭犬

C．土狗

D．狼犬或警犬

E．貴賓狗或博美狗

透過以上這些狗，我們來看看你的選擇、你的性格：

答案A，聖伯納犬體型龐大，個性溫和，喜歡這種狗的人通常也都是好好先生（小姐）那種類型的人物。這類人通常個性樂觀進取、注重自然的生活品味，關心周圍人群是他們的特性。

答案B，喜歡這種外型醜陋的狗的人，大多是些汲汲營營於功名利祿的人，他們常常怨天尤人，不甘於平凡。如果只是一個小職員的話，必定是那種一年換二十四個老闆的「游牧民族」。這種類型的女性，對自己的外表、魅

力多半缺乏信心，渴望別人主動對她。

答案**C**，喜歡這種狗的人溫柔、敦厚、富有同情心。他們不以飼養名犬為樂，而只要一隻不起眼卻忠心敦厚的雜種狗相伴。因此，對於生活品味的要求不高，較著重精神生活方面的提升。他們是社會中最平易近人、最有親和力的族群。

答案**D**，精力充沛、虎視眈眈、積極進取，是警犬的特徵，因此，喜歡這種狗的人，大多是高級知識分子，亦是社會的精英族群，如律師、醫師、企業家等等。

答案**E**，喜歡小型裝飾犬的人，通常是寂寞、空虛的單身女性，或膝下無子的夫婦。他們將小狗當作是自己的子女，讓牠們睡在主人的臥室，和主人一起逛街、遊戲、吃飯。根據統計，從事夜間上班族的女性，最喜愛這類小狗。

其實，銷售狗的生活是一種了不起的生活。

當你知道了自己屬於哪一種銷售狗之後，你就有可能成為冠軍銷售狗而過著你夢寐以求的生活。不過你要先瞭解自己天生的強項，這樣就可以利用它們來為自己贏得有利的成果；你也必須看到你的薄弱環節，並學會去彌補這

些弱點,這樣才能使你在生活的各個方面都不會被「不」
所拒絕。一句話,如果你學會了銷售狗所掌握的本領,你
就能擁有一切你渴望擁有的財富,不信你就繼續往下看。

最激情的吉娃娃 Chihuahuas

　　據說，吉娃娃是從墨西哥傳到美國的，初期曾被印加族人視爲神聖的犬種，後來傳到阿斯提克族；也有人認爲此犬是隨西班牙的侵略者到達新世界的品種。總之，吉娃娃犬的確切來源眾說紛紜，但無論哪一種說法都認爲此犬絕非源自一個品種，而是自古以來就是由多個品種交配而來的。

　　吉娃娃屬小型犬種裡最小型的，以勻稱的體格和嬌小的體型廣受人們的喜愛。對其他狗不膽怯，對主人極有獨佔心。吉娃娃不僅是可愛的小型玩賞犬，同時也具備大型犬的狩獵與防範本能。

這種類型的銷售狗通常都非常精明，具有天生的親和力和極佳的人緣。他們很受主人的喜愛，或許是所有銷售狗中最富熱情的一種吧！

但這類銷售狗特別容易激動，戒心重，有時會非常情緒化，變得很偏執。如果一旦失去控制，他們會講個沒完沒了，而且那種聲音往往會使聽者頭疼。

喬‧吉拉德被譽為世界上最偉大的推銷員，他在十五年裡曾經賣出過一萬三千零一輛汽車，並創下一年賣出一千四百二十五輛、平均每天四輛汽車的記錄，他就是一隻很討人喜愛的吉娃娃。

有一次，一位中年婦女走進了吉拉德雪佛蘭車的展示室，當時她只是藉看看車來打發一下時間。在閒聊中，吉拉德知道這位女士想買一輛白色的福特車送給自己作為生日禮物。但她也只是想買而已。「今天是我四十五歲生日。」末了她說。

這位女士剛說完，吉拉德馬上脫口而出：「夫人，生日快樂。」之後，吉拉德出去了一下。（精明，並具有隨和的人緣）

　　吉拉德請這位女士隨處看看，並對她說：「夫人，既然您喜歡白色車，趁現在有時間，我幫您介紹一下我們的雙門轎車，也是白色的，性能不錯。」

　　這位女士在吉拉德的陪伴下，仔細地觀看了這個展示室裡的白色雪佛蘭車。

　　恰在這時，秘書走進來，遞給吉拉德一束百合花，接過花之後，吉拉德把它遞給那位女士：「尊敬的夫人，祝您長壽！」（富有激情，更像吉娃娃）

　　這位女士眼眶濕潤了，顯然她很感動，她並沒有想到會在這裡遇到這種際遇。「已經好多年沒有人送禮物給我了，剛才我在福特車展示室裡，那個推銷員以為我開了部舊車，肯定買不起新車，我一和他搭話他就藉故走開了，所以我才來這裡。其實我真的是好想買一輛白色福特車，不過，現在想想，不買福特車也無所謂啊！」

　　最後，這位女士買了一部白色的雪佛蘭車。

　　在這個故事中，我們可以看出，吉拉德從頭到尾都沒有說一句勸那位女士放棄買福特車而買雪佛蘭車的話，但那位女士卻自動放棄了買福特車的想法，而選擇了吉拉德

29

的雪佛蘭車。為什麼呢？這是因為她在這裡受到了重視。客戶是多樣的，銷售方法也是多樣的。與客戶聯絡感情促進公共關係的提升是一個偉大推銷員的最大財富。吉拉德這隻吉娃娃很懂得自身的優勢，他非常精明，自始至終都沒有向那位女士推銷他的產品的意思，而是懂得利用感情來對她進行攻勢。而這正是客戶所需要的。

　　吉娃娃型銷售狗通常都精得出奇，別看他們的個頭比較小，但他們卻深得主人的喜愛，他們是所有銷售狗當中最具熱情的一種。

　　對待新知識，吉娃娃同樣充滿熱情。在吉娃娃看來，知識就是力量，他們信奉的座右銘是「知識豐富的人才能贏」。這些吉娃娃們在學習知識上會不遺餘力，他們熬夜的本事是任何一種銷售狗都比不上的。他們喜歡鑽研，當他的其他品種的同伴們都已沈睡的時候，吉娃娃在網上一個網站一個網站的搜索，找出足夠多的有用資料，使寫年度報告時能應對自如。他們喜歡把別的銷售狗看似一些無關緊要並沒有用處的資訊變為交易中至關重要的武器，若論這種能力，吉娃娃在所有的銷售狗中可是首屈一指的。

　　在這個高科技銷售與市場行銷的年代裡，吉娃娃是狗

窩中迅速崛起的一顆明星。當其他種類的銷售狗正忙於趕時髦時，吉娃娃買的幾乎總是最新的電子設備。而擁有最新、最準確的產品知識可以說是一個艱巨的挑戰。但是，產品知識也是一種證據，沒有這個證據，你永遠也無法說服你要說服的人。所以，吉娃娃在最終實現交易的過程中扮演著非常關鍵的角色。

現今，客戶對市場上的產品及服務的性質瞭解得越來越多，因此，一隻成功的銷售狗必須要掌握最新、最確切的資訊，但太多的銷售狗對這些都沒有足夠的重視，他們進行的也只能是較為膚淺的推銷。而吉娃娃則不同，他們的天分都很高，能積極地把事實和證據聯繫在一起，並向客戶示範這一切是如何運作的。在他們不停地解釋中，客戶心中的疑慮會逐漸減少。也就是說，吉娃娃能夠把他們的智慧和信心融入到自己所推銷的產品當中。如果他們對產品或服務有信心，就會表現出超常的執著和頑強精神，也能把自己的論點表述得無可辯駁。

吉娃娃做的鑽研工作能讓整個狗窩裡的狗都受益匪淺。他們會花大量的時間去做鑽研，搜集整個產品牽涉到的所有資訊，發現它們的優勢、特點和好處。在這一切都

準備就緒之後，他會對自己所推銷的產品和服務產生發自內心的熱情。這些證據確鑿的數字也會令客戶不得不臣服於他的狗爪之下。他們的頭腦就像一個不斷擴大的資料庫，他們處理的資訊非常瑣碎，超出了人們的想像，但越是這些看似瑣碎的資訊，小得不能再小的細節，往往會使局勢發生三百六十度的大轉彎，向著有利於他們的方向發展，最後達成交易。

好奇心也是吉娃娃的天性。他會對別的種類的銷售狗不感興趣的事表示出極高的興趣，比如，客戶的生意與夢想和吉娃娃本身並無關係，但他們會對這些表示出極大的關心，他們還會見縫插針，把客戶們的這些生意和夢想與自己的產品想盡方法聯繫起來，最終達到讓客戶購買自己產品的目的。在前面那個故事中，吉拉德就是一例，透過聊天，知道那天是客戶的生日，只用一聲問候和一束鮮花就賣出了價值幾十萬元的汽車，而且還贏得了客戶的心。

但另一方面，吉娃娃型的銷售狗很容易激動，這也許是因為他們腦力活動過度的緣故，他們的這種激情、對產品的認識以及對整個過程的理解都是絕無僅有的。如果你是這種銷售狗，在這種情況下你可要注意了，如果激動過

頭，一旦失去控制，你就會講個沒完沒了，這種聲音會使客戶非常反感，往往會使快要到手的訂單不翼而飛。

銷售診所：

小張是一家銷售辦公用品的銷售員，一天他去一家圖書公司推銷他們公司的辦公用品。

「您好，請問貴公司需要添置辦公用品嗎？」小張顯得十分彬彬有禮。

開門的是一位職員，「不知道，您問一下我們經理吧！」

小張隨著這位職員來到經理辦公室。這位經理是一位中年男士。

「蕭經理，我們公司不是正需要一些辦公用品嗎？這裡有一位推銷辦公用品的銷售員。」

隨後，這位職員出去了。小張則顯得畢恭畢敬。

「打擾您了，我是某某辦公用品廠的銷售員。我們的辦公用品品質在全國是數一數二的。這是產品簡介，請您過目。」

那位蕭經理接過產品簡介後，看了兩眼。

「其實我們並不在乎品質好壞，能用就行。」

小張正準備在蕭經理看完產品簡介後，給他巨細靡遺講述品質的優點，結果這下不了了之了。於是他改談價格問題。

「我們的價格也是本市最低的。您再仔細看看價目表。」

蕭經理又瞟了兩眼，「不過，價格對我們來說倒是無所謂，我們是一家大公司，怎麼會在乎那麼一點錢呢？」這下小張真的沒輒了。

「那您在乎什麼呢？」小張實在不知道該說什麼了，似乎有點快發火了，但他還是強忍著。

「您看這樣行不行，我們先試用，等半年之後您再來收錢。」蕭經理微笑著看著小張。

「這可不行。」顯然，小張非常激動，心想：這個經理分明是在強詞奪理，哪有先用了再付錢的道理？再說，到時你跑了，我去找誰。

　　「工作幾個月了？」蕭經理避開這個話題，倒問起別的來了。

　　小張強忍住想走的欲望，勉強答道：「兩個月。」（又缺少了吉娃娃的熱情）

　　「其實我剛才是跟你開玩笑的。因為剛進門我就發現你是一個年輕氣盛的小伙子，的確不錯。其實我年輕時也是這樣，別人的幾句話不合我的心思，我就會很激動，顧慮重重。其實我們真的很需要一批辦公用品。我就看你怎麼說服我了，我可全都告訴你了，該你說了。」

　　小張頓時醒悟。

　　小張該怎麼在這種情況下去說服蕭經理呢？

　　這個案例裡的小張就偏向於吉娃娃型：容易激動、戒心重，有時會很情緒化。其實這種缺點是很容易克服的。你需要時時提醒自己：客戶的需求是多方面的，而自己既然是去向客戶推銷產品，那麼就應該盡量滿足客戶的需求，不要以自己為中心，「客戶永遠是第一位的。」當蕭經理說到品質不重要時，小張就應該給蕭經理介紹品質好會有什麼好處，比如桌椅的品質好，會減少磨損，品質不

好可能會帶來的危險等；當蕭經理提到價格不重要時，小張應適時給蕭經理解釋一下這種品質的低價位會給該公司節約多少成本等；之後，還可以把兩者結合起來，高品質低價位比低品質高價位的優勢。要引用大量的資料，發揮吉娃娃的可愛之處，引經據典，該滔滔不絕就不要輕描淡寫，壓制自己的情緒，必要時做到以情打動人。

最勤奮的博美狗 Pomeranian

博美狗屬尖嘴犬系品種，祖先為北極的雪橇犬，據最初記載，此犬來自波蘭及德國沿海交界地的博美拉尼亞地區。當時，這些犬被用於看守羊群。直到一七五〇年，博美狗才傳到歐洲各國。早期的博美狗體型較大，且大多是白色，十九世紀以來，經過選拔配種而成為今日毛蓬鬆柔軟，色澤鮮明的小型犬。

博美狗屬小型玩賞犬，此犬是能刻苦耐勞、熱心工作的犬種，是當今世界評價最高的品種之一。博美狗健康開朗，有個性，活力充沛，其中最受人矚目的是其忠實、友善的個性。博美狗必須定期整理，不適合生活忙碌的人士

第二篇 銷售狗種

37

飼養。

博美狗型的銷售狗能夠吃苦耐勞、熱心工作。並且對客戶友善，忠於客戶，如果你屬於這種狗群，那麼你可千萬要記住這些優勢，因為這些優勢對於博美狗來說會成為世界上評價最高的品種之一，對於你來說也一定會成為評價最高的銷售狗之一。

如果用辨證的觀點來分析這種狗性的銷售員，那麼可是缺點多多啊！有個性固然是好事，可是如果個性太強也成了壞事；忠實是好事，那是對於狗，如果對於人，忠實過了頭的話，你怎麼會把產品賣得出去呢？所以，千萬要記住，忠實也是要有限度的。暫時放下狗不提，我們來講一個烏龜的故事。

有隻烏龜叫丁丁，牠聽說在矽谷可以找到風險投資，可以創業，可以上市，還可以賺到大把大把的美金。丁丁動心了，於是決定去矽谷看看（的確也算是有個性），不過，牠居住的地方離矽谷實在是太遠了。

丁丁和所有的烏龜一樣，爬起來都是慢吞吞的，也不知道和兔子賽跑時牠的祖先是怎麼贏的。依我看肯定是傳說錯了。

當丁丁爬過草地時，眼前的情景讓牠嚇了一跳。站在牠面前的，有蜘蛛原原、蝸牛笨笨和一大群烏鴉。丁丁愣住的同時，牠們也愣住了。聽完丁丁的闡述後，大家苦口婆心的規勸牠，有的也免不了嘲笑牠。

蝸牛本來就是那種迷迷糊糊的傢伙，現在更是摸不著頭緒，但牠卻拿出老大哥的樣子，語重深長地對丁丁說：「現在的網路非常的不景氣，這是你知道的，許多的網站都倒閉了，這也是你知道的。矽谷的人都開始往外走了，這些更是你知道的。何況矽谷離這裡這麼遠，瞧你那種速度，即使到了矽谷，也不會有什麼油水可撈了。難道這些道理你不懂？」

丁丁知道大家都是為了牠好，但牠卻執意前行。（執著這一點與博美狗很是相似）

蜘蛛原原實在是忍不住了，牠嘲笑著說：「我的腿可比你的靈巧多了，而且數量也勝你一籌，可是我為什麼沒想去矽谷呢？我可沒像你那麼傻，現在矽谷正鬧危機。要去的話也得找個好時機去。現在呢？我只想在這裡老老實實地織網，你呀！不聽蜘蛛言，等著吃虧在眼前吧！」原原一邊說一邊在網上跳起舞來，「慢慢爬吧！要不然你會

趕上裁員潮流的。」

　　丁丁沒理會原原，繼續前行。

　　天下起了雨，大家紛紛找地方躲雨，但丁丁背上的厚殼卻幫了牠。

　　烏鴉也不停地勸說丁丁：「兄弟，別再執迷不悟了，原原說的沒錯，矽谷現在正在裁員，你就是去了也不一定能找到工作的。風險投資已經不青睞網路經濟了。」

　　丁丁依然我行我素。

　　丁丁爬到矽谷已經是好多年以後的事了。丁丁看到矽谷的景象並不像大家說的那樣，而是一片繁榮。牠不解地問：「請問矽谷還好嗎？」

　　一隻蹦來蹦去的小猴子告訴牠，危機已經過去了，網路經濟已經全面復甦，裁員已經成為歷史了，風險投資又開啟了。

　　於是，丁丁高興地開始了他的創業。

　　這則寓言給了我們什麼啟示呢？

認準了要做的事業並努力去做的時候，勇往直前、埋頭苦幹、不怕嘲笑，你一定會成功。你可能要問：「這隻烏龜一定是代表我們要說的那隻銷售狗吧！」你說對了，我們可暫時把這隻烏龜想做一個銷售員，然後再把他和我們的主題互相聯繫。這隻烏龜的確具有博美狗吃苦耐勞的品性，活力充沛，有個性，對工作的執著勁兒是沒話說。但他卻沒有想到，如果矽谷是一個莫虛有的地方，只是別人鬧著玩的，那他的那股執著勁兒就要付諸東流了。

博美狗們通常都很不注重自己的打扮，他們把工作的每一分鐘都放在客戶身上，不懂得浪漫，是天生的工作狂。也就是說，給他們根骨頭他們就會認真到底。博美狗們有健康的體魄、有充足的體力來完成他們的工作任務，一般不會半途而廢，因為他們的責任心極強，有不把工作做好誓不罷休的責任感，通常他們還會給自己拴上一根繩子，用來引導自己，以免自己偏了方向。博美狗的這種敬業精神是其他狗無法比擬的。

博美狗是很不懂得提高工作效率的，不會善用現代的科學技術和電子系統來加速自己的發展，而只是習慣於按部就班、一步一腳印。如果在以前，這種銷售狗是很吃得開的，可是現在社會是個科技社會，再運用那種老牛拉破

車的方法是絕對行不通的。

銷售診所：

張三夫婦是一對年輕夫婦，住在某個城市的郊區。他們有兩個孩子，大的九歲，小的五歲。張三夫婦都受過高等教育，所以夫妻倆都非常關心孩子的教育。隨著孩子們逐漸成長，張三夫婦意識到應該讓孩子們看一些百科全書了。一天，當張三在翻閱一本雜誌時，一則有關百科全書的廣告吸引了他，於是他開車到當地的代理商處直接與推銷員進行了交談。

張三：可以告訴我這套百科全書有哪些優點嗎？

推銷員：當然可以，請您先看看這套百科全書的樣本。正如您所見到的，本書的裝幀是極其精美的，整套書都是這種真皮套封燙金字的裝幀。如果把這套書擺在您的書架上，那感覺一定好極了。您說是不是？

張三：這套書的確不錯，我能想像得出把它擺在書架上的情景，但我並不是要拿它來裝飾的，您能介紹這套書中的主要內容嗎？

推銷員：沒問題，先生。這套書的內容編排是按字母

順序排列的，這樣便於您查找資料。而且書中的圖片都很漂亮逼真，您瞧，這幅百花圖和真的一樣。

張三（皺眉）：這些我也看得出來，不過我更感興趣的是……

推銷員：先生，我知道您想說什麼了！讓我來告訴您吧！本套書的內容包羅萬象，有了這套書您就如同有了一套地圖集，而且還是附有詳盡的地形圖的。這對我們這些年輕人來說是很有用處的。

張三：可是，您要知道，我買這套書主要是為了我的孩子們，我要為我的孩子著想。

推銷員：這個當然！我完全理解，為了這套書我們公司還特製了帶鎖的玻璃門書箱，這樣您的孩子們就無法損壞它們了。而且這的確是一筆很有價值的投資，您算一下，即使以後您用不著了，想賣掉也不會賠錢的，說不定還會增值。您看，它是一件多麼漂亮的室內裝飾品啊！這樣吧！邢個精美的玻璃門書箱就算做贈品，您看怎麼樣？

張三：不好意思，我還是考慮考慮吧！我能不能帶走其中的某部分，比如文學部分，我想進一步瞭解一下其中

的內容，因爲我還不是很瞭解，您要知道這套書可不太便宜啊！

推銷員：對不起，先生，我眞的沒權力這麼做，何況這裡沒有文學部分，那部分已經被買走了。不過我們公司本週內會舉辦一次大型的促銷活動，你可以過來看看。

張三（起身要走）：恐怕到時我沒有時間。

推銷員：那我們明天再談吧！這套書可是你送自己的最好禮物。

張三：不必了，我現在對這套書已經沒有多大興趣了，謝謝您！

推銷員：不用客氣，再見！如果您改變主意的話可以隨時跟我聯絡。

張三：再見。

張三爲什麼沒有買這套書呢？我們來討論一下這位推銷員的失誤之處：

每一種產品都有其優點也都有其缺點，不可能做到十全十美，而這位推銷員一味的誇自己產品的好處，往往由

於如此反而會讓客戶覺得不夠實際，而更加去猜測產品的缺點；我們還看到，在這一案例中，張三話還沒有說完，推銷員就搶了他的話，如果遇到這樣的推銷員，客戶會覺得你對他不夠尊重；張三買這套書的動機是為了孩子，而我們來看這個案例，這位推銷員自始至終都在說這套書對張三這樣的成年人會有什麼好處，他從一開始就忽略了客戶的動機；身為一名推銷員，瞭解客戶的動機是最為關鍵的，如果你根本不瞭解客戶的動機，勸你還是不要自以為是，這是身為推銷員的大忌。

不過話又說回來，其實本案例中的推銷員還是相當敬業的，歸類的話應該屬於博美狗類吧！他的精力應該是相當充沛的，話說個沒完沒了，甚至搶客戶的話；他對於工作是熱心的，這一點我們不可否認：他極力的誇耀這套書的優點，那就證明他忠於公司，同樣他也是忠於客戶的，因為他所說的每一個優點都得到了張三的認可，只是他忽略了另一方面的缺點而已；這位推銷員一味地按照自己的方式去介紹這套書，沒有站在客戶的角度，這一點也是他失誤之處。如果這隻博美狗稍微變通一下、想像一下，結果應該不會是這樣的，這根骨頭一定早就到嘴了。

　　客戶選購各類產品都會有其不變的大方向，例如購買辦公用品是爲了提高公務處理的效率及合理化，購買生產設備是爲了提高生產效率；購買轎車是爲了感性的理由大於理性的理由；運輸服務是爲了安全、準確……。如果我們能順著這個大方向去滿足客戶的要求，那麼就更能打動客戶的心。

最超前的北京狗 Pekingese

　　北京狗又名獅子犬，曾經被視爲中國宮廷裡神聖的動物。北京狗在古代傳說中是可以驅除惡魔的靈犬，中國人視牠爲神，平民需向此犬行禮，偷盜該犬將被處以死刑，皇帝駕崩時要用此犬陪葬。鴉片戰爭後，北京狗傳入西方，八國聯軍攻打北京時，被英軍掠奪五隻到英國，其中一隻送給維多利亞女王，被命名爲「洛蒂」，現存英國博物館的北京狗之祖先就是當時的一隻。

　　北京狗體型嬌小、性情溫和、聰明靈秀，此外，這種犬聽覺敏銳、智商高、方位概念強、易於訓練，適合表演。

　　這種犬型的銷售狗由於外表的緣故很得客戶的喜愛，給人的第一印象通常會強於其他的狗種。這種銷售狗一般都性情溫和、對人忠實，而且極其聰明，往往會比別人捷足先登。

　　有一個年輕人，當同村的人都忙於把石塊敲碎成小石子運到外村去賣給建商的時候，他卻把石塊運到城裡，賣給城裡的庭園造景商人。他覺得這些奇形怪狀的石頭賣重量不如賣造型值錢。這個年輕人的推斷相當準確。幾年後，他成為這個村子裡第一個擁有樓房的人。（這個年輕人具有創新意識）

　　後來，政府規定不許開山，於是村子裡的人開始種植果樹。秋天到了，果樹上結滿了果子，吸引了很多客商。於是，村民們把這些蘋果、梨子等成筐成筐地運到了大城市，有的還外銷到國外。

　　大批大批的水果被換成了現金，村民們都沈浸在歡喜之中。正在此時，這個年輕人卻在人們異樣的眼光之中砍掉了果林，種起了柳樹。他覺得在這個地方，買水果不是難事，難的是買不到盛水果的籃筐。幾年後，他成為村裡第一個在城裡買房子的人（他又比別人捷足先登了）。

又過了幾年，一條鐵路從這個村裡穿過，村裡的交通頓時變得順暢多了。村裡的人都著手辦起了工廠，不再是單一的賣水果，而是從事水果加工業務。這個時候，這個年輕人除了在他的土地上砌了一堵長牆外，沒有任何舉動。這道牆兩旁是一望無際的果園，坐火車經過此地的人們，在一片蔥蔥綠綠之中，會突然看到四個大字：可口可樂。在當時，這個廣告是方圓幾百里惟一的一個廣告，為此，這個年輕人每年都有四萬元的額外收入（同樣道理）。

到了二十世紀九○年代，村裡的人開始從事各形各色經營專案，在激烈的市場競爭下，每種行業幾乎都處於停滯狀態。這個年輕人也開了一家服裝店。一天，他與對門的老闆吵了起來，原因是，一套西裝在他的服裝店裡標價八百元，而在對面服裝店裡則標價七百五十元，如果他服裝店裡的西裝降價，對面服裝店裡的西裝也相應降價。結果一個月之後，他的服裝店僅批發出了五套西裝，而對面服裝店則批發出了一千套西裝。

你可能會問，以前這個年輕人不是很聰明的嗎？怎麼現在變得如此愚鈍呢？

你錯了，其實，這兩家服裝店都是這個年輕人開的。
（真的像一隻北京狗）

的確，北京狗在整個狗群中，屬於智商高的一類，他們的思維極其前衛，有時甚至有些敏感。帶有這種狗性的銷售狗們多是讓自己生活在一個現代的、講求品味的世界裡，其實這種品味往往是他們自封的，所以有時他們讓人感覺有點自以為是。

他們評價任何一種東西一般都是從表面來推測，而不去深究內部含義。他們喜歡穿著打扮，花在購物廣場裡的時間往往比花在辦公室裡的時間還要多。他們把這種投資視為生意場上的必備投資，所以他們通常是一身名牌西裝，一雙名牌皮鞋，打著高級領帶，戴著各式珠寶，開著高級名車到處招攬客戶。他們會在座談會上、商貿展示會上以及各種公關場合盡顯自己的風采，他們在贏得聲譽和建立人際關係網方面總是做得相當得體，這種策略也為他們網羅了一大群客戶。如果讓他們銷售一些很搶眼、很有吸引力並有身分象徵的產品，如汽車、豪華公寓、昂貴電器等，他們一定會成為眾所矚目的焦點。

這種銷售狗的消息比其他的銷售狗要靈通，人際關係

網全面而徹底。其他狗種的銷售狗在尋找客戶時不是鄭重其事，就是莽莽撞撞，以致於顯得極不莊重，而北京狗種的銷售狗走起路來總是昂首挺胸，目光中時常流露出對客戶品味的判斷，而這一點也是他們很自負的表現。

北京狗言談優雅、舉止高貴，這一點與其他的狗也不一樣。他們喜歡與人交談，並且在一言一行中透露出機敏和智慧。他們很樂意成為眾人關注的焦點，他們善於言辭，即使在沒有任何準備的條件之下也會讓人感覺到他們的聰慧。

沒有任何一種狗比北京狗更清楚形象和聲譽對於銷售成功的重要性。他們不惜一切代價來保持自己的最佳形象，以確保他們在銷售狗當中的「領頭狗」地位。北京狗喜歡一些小玩意兒，如掌中寶、珠寶首飾、名牌鋼筆和名牌轎車等。

這種銷售狗屬於超級市場銷售狗，他們是奉行完美主義至上的市場行銷理念的銷售狗，他們為產品和服務定位的能力使他們成了狗窩裡報酬最高的銷售狗之一。他們意識到，自己對產品或服務的市場行銷做得越好，高級的產品若能與服務體現出美學與頂級品質的完美融合，成為

51

「銷售狗冠軍」這個目標也就越容易實現。

　　他們對推銷價格昂貴的東西非常專業，他們能夠運用自己獨特的品味給客戶留下深刻的印象。他們總是不斷尋找最簡便的方式和大多數的人建立聯繫，但他們對這些潛在客戶會劃分出幾個不同的等級，對那些處於極低等級的客戶他們會不屑一顧，他們喜歡高高在上的文明形象。

　　北京狗的領悟能力高，他們很懂得如何才能吸引人們的注意力，因此，在大多數情況下都是「最具魅力」、「最受歡迎」的犬類，就算他們前一天晚上一夜沒閤眼，也會表現得相當自如。他們認為，他們展示得越多，他們的力量就會得到越多的認可，而他們的推銷工作就會越發輕鬆。所以，在成功人士當中，北京狗占了很大比例。

　　這種銷售狗手中的客戶從來都沒斷過，他們能同時處理上百個策畫方案，這些策畫方案會把客戶手裡的錢大把大把地掏到自己的狗窩裡，他們說服別人的口才是一流的。如果公司能給北京狗足夠的自由空間讓他們去開發並測試市場行銷工具，那他們會有一番超乎想像的表現。當然，北京狗的強項主要還是打造公司形象。

銷售診所：

A公司是紐約當地最大的食品添加劑經銷商，B公司是A公司在國內最大的競爭對手，並且B公司的產品品質優秀，進入食品添加劑行業已有一年，銷售業績不錯，所以，A公司很希望與B公司合作。

有一天，A公司的甲經理正在寫年度報告，他的秘書電話告訴他B公司的銷售人員求見。甲經理一聽是B公司的人，在這之前他聽客戶講過B公司的產品品質不錯，只是一直沒時間和B公司的人取得聯繫。既然他們主動上門，那當然是求之不得。於是，他告訴秘書讓這位銷售代表到他的辦公室來。

不一會兒，甲經理聽見有人敲門，急忙站起身來，親自開門請對方進來。門開了，進來的人令甲經理非常失望。此人穿一套舊的皺巴巴的淺色西裝，走進辦公室自稱是B公司的銷售人員。

甲經理繼續打量著這個銷售員：穿著一身羊毛衫，有一點舊；打一條領帶；還飄在羊毛衫的外面，有些髒，似乎還有些油漬。黑色皮鞋上滿是灰土（形象實在是一塌糊

塗）。

有好長一段時間，甲經理都在打量這個人，腦中一片空白。所以，這位銷售員在說什麼，甲經理一句也聽不清，只隱約看見他的嘴巴在動，還不停地放些資料在他面前。

等這位銷售人員介紹完了，甲經理沒回應，只是讓B公司的銷售人員把資料留下，說待仔細看遍再商量合作的事。

後來，這件事也就不了了之了。

半年後，C公司的一位銷售人員也來A公司尋求合作的事。C公司是該地區一個不知名的食品添加劑經銷商，所以甲經理只是抱著試試看的態度接待了C公司的銷售員，當時他只是覺得不好意思直接拒絕人家。一見面，甲經理發現C公司的這位銷售員與B公司的銷售員有著天壤之別，這位銷售員精明能幹，有板有眼，一看就知道是實力派的（形象良好），甲經理本能地就接受了他。結果，A公司和C公司實現了合作關係。

我們不妨思考一下，A公司想找合作夥伴，B公司是

當地僅次於Ａ公司的大經銷商，但Ａ公司最後卻選擇了與Ｃ公司合作。這是爲什麼呢？在這個案例中，我們會深深地感受到「第一印象的重要」以及「推銷就是先把自己賣出去的」的眞諦。與客戶的第一次見面在一筆交易中顯得尤爲重要，「好的開始是成功的一半！」

在做生意時，外表和形象是至關重要的。有些廠商的產品和服務雖然比別人的略遜一籌，但他們的形象比別人更好，所以他們的銷售卻勝過了那些比他們商品和服務更好的人，也就是說，感覺有時比實際的影響力還要重要。

最獨立的沙皮狗 Shar pei

　　沙皮狗的名稱來自其強韌的被毛，「沙皮」中國語為鯊魚皮或沙紙的意思，在中國漢朝時代的繪畫，就可以看到近似沙皮狗的畫像，因此，沙皮狗的歷史來源可追溯到西元二〇六年。也有人認為，沙皮狗是二千年前生長在中國北部及西藏地區的現已絕種的大型犬的後代。沙皮狗是世界上最珍貴的犬種之一，皮皺而下垂，因此不容易被咬破，與其他狗決鬥時常常取得勝利，被稱為「中國第一鬥狗」。

　　沙皮狗性情開朗且溫柔，獨立性強，彬彬有禮，喜歡與人親近，通常都能給人帶來歡樂，適合在家中飼養。沙

皮狗十分愛乾淨，有的小沙皮狗可以自我訓練。沙皮狗看似笨拙，卻非常活潑，勇猛善鬥，對主人非常忠誠。

　　沙皮狗型的銷售員大多待人彬彬有禮，喜歡與客戶交往，很討客戶的喜愛，以致與客戶培養出了感情。在他們所談的業務中，他們會想盡一切辦法使交易成功。

　　沙皮狗通常會穿西裝打領帶，給人一種沈穩大方的感覺，但他們卻總是好像拒人於千里之外，一副默然的樣子，有一點像古時的紳士，但是他們對別人鞠躬會來一個九十度的彎腰，讓你無從招架。

　　這種銷售狗就算自己沒有那麼大的本事，也不會求助於同伴，而是自己獨立苦撐下去，就算他的方式失敗了，他也會一直覺得自己永遠都是最好的，而不去效仿別人。

　　沙皮狗對人相當有禮貌，大多是學問比較高的有識之士，對客戶他們語氣輕柔，哪怕是遇到暴跳如雷的客戶他們也不會發火，即使是大聲說話，那種風度是無狗能比的。

　　如果遇到什麼緊急的事，比如前方有一根帶了肉的骨頭，其他狗種的狗可能快步如飛，可是沙皮狗卻總是甩著

尾巴，瞪著圓眼蔑視地搖搖頭歎道：唉！這些狗哇！一代不如一代了，怎麼能丟下祖先那張狗臉呢？

在其他狗看來，沙皮狗好像有點笨拙，其實並不然。沙皮狗外表給人的感覺是這樣，不過，那是沒遇到知音狗，否則他絕對比任何狗都能侃侃而談，而且他說起話來頭頭是道，讓人找不到任何理由不相信他。

銷售診所：

耶誕節就要到了，為了準備過節的東西，傑克和妻子瑪麗上街購物。

當他們進入商場時，兩人的目光不約而同地被一件漂亮而華貴的貂皮大衣吸引住了，但瑪麗看了一眼價格，不禁自言自語：「這件大衣太貴了！對於他們這種平民階層來說簡直不可思議。」瑪麗轉身打算走開。

她剛一轉身，與一位年輕女店員撞了個滿懷。這位女店員看上去是屬於那種溫柔、慈善，而且能立刻讓人喜歡她、信賴她的祖母型模樣。

女店員與瑪麗對視著，很快明白了瑪麗的意圖，然後她朝瑪麗友好地點了一下頭，說道：「夫人，您瞧，這真

是一件少見的貂皮大衣，不是嗎？」

「當然是。」瑪麗情不自禁地說道。

於是，女店員打開大衣，一邊來回撫摸著大衣的皮毛一邊指著一個標籤，說道：「您瞧哇！這是『××』牌的，這個牌子在國內是相當知名的，當看到這個牌子時，您就會明白它代表著品質與信譽，穿著它會讓您每天都保持高度的自信，對生活充滿信心。夫人，您說是吧！」看見瑪麗開始心動了，女店員接著又說：「還有，這件衣服既漂亮又實用，是用純貂皮製作的，它會陪您很長一段時間的，只要您願意，您可以每天都穿著它到處逛。來，夫人，您試穿一下，我們僅僅是比一比尺寸而已。」

瑪麗這時再也無法抵制這件衣服的誘惑了，在女店員的招呼下，她不由自主地伸出胳膊，輕輕地把手伸進了那件大衣的袖筒，臉上帶著泛紅和激動的神情。

「您感覺如何？」女店員柔聲問道。

「我感覺好極了，既輕巧柔軟又雅致高貴，實在是太好了。」瑪麗站在一面大鏡子前，望著鏡子裡的自己，感覺到自己的心都快跳出來了。

「嘖！您再瞧瞧，這尺寸正好與您的身材一致，顏色也與您的皮膚很搭配，還是讓您的丈夫來評價一下吧！」女店員瞟了在一旁已經看得發呆的傑克。

傑克站在兩位女士後面已經有很長一段時間了。他正用一種呆滯的目光看著自己的妻子，也不得不承認女店員所講的話句句屬實，但是他卻要極力掩飾內心的真實感受。

「夫人，我來幫您算一算：這件大衣的樣式、品質保證可以穿七年之久，之後您的先生還可以利用它來製成一些他喜歡的小東西，比如說改製成斗篷或者夾克。如果這樣算下來，這件漂亮的貂皮大衣比一件布製大衣還要便宜。布製大衣穿舊了、穿膩了就只能丟到垃圾筒裡，您認為呢？」

此刻的瑪麗還沒有回過神來，仍然沈浸在試穿的興奮當中，她一邊自言自語，一邊又不停地左右旋轉。

「先生，您看啊！名牌衣服真是不同凡響啊！瞧！您的夫人穿著它顯得多麼自然而有氣質。」

女店員轉過頭來看了傑克一眼，此時傑克也正雙眼發

光，滿意地欣賞著自己的妻子。等女店員再次回頭看瑪麗時，她發覺瑪麗也緊緊盯著傑克呢！一隻手還輕輕地觸摸著這件名貴的皮衣。顯然，她的肢體語言已經向傑克傳達了一個基本的信號：她已經完全被它折服了！

傑克一言不發，面部表情也是猶豫不決，心動是肯定的，但價格的確是有點貴，傑克在心裡做著激烈的掙扎。

女店員這時已看出了傑克的心思，假裝不經意地對瑪麗說道：「您真幸運，這件大衣掛在這裡好幾天了，很多太太都曾試過它，她們和您一樣對它愛不釋手。可是她們的丈夫卻捨不得花錢為她們買下來，有好多太太還說這件大衣將是她今生最大的滿足，但她們的丈夫卻……唉！有許多男士寧願花同樣的錢，為自己添置一支沒有多大用處的獵槍，也不肯實現妻子這個願望。」

女店員話音剛落，傑克已將錢從錢包裡拿了出來。

在不到十分鐘之內，這筆生意便被這位能言善道、察言觀色的女店員做成了。

本案例中的女店員在客戶只有動機而沒有行動的時候硬是把這筆交易做成了，為什麼呢？因為這位女店員對客

戶的心理抓得很準，而且對客戶自始至終都沒有一點急躁情緒，一直保持著和善引誘的態度。很顯然，這個女店員是討人喜歡的，就如案例中說的「是那種讓人信賴的祖母型人物」。所以，女店員從外表來看就已經讓傑克夫婦認同了。之後，女店員熱情的和瑪麗夫婦打招呼。並不厭其煩的爲瑪麗夫婦介紹這款大衣的各項優點，尤其是品質方面。不過，你別老是看著沙皮狗那副皮鬆肉緊的模樣，其實牠並非完全像你所看到的那樣，牠的內在並不像外表的皮那樣吊兒郎當的，牠的心細得很，即使是一個很小的細節，即使是你忽略的，牠也會注意到，並幫你找到最佳的解決方案。

最忠厚的巴吉度獵狗 Basset Hound

　　巴吉度獵狗於十六世紀末，由法國改良品種產生，英文名稱（Basset）也源自法語（bas）。該犬具有特殊的頭部及敏銳的嗅覺，可以看出是由尋血獵犬變成小型種的改良品種。十九世紀傳入英國，以嗅覺敏銳和準確的追捕能力見長。巴吉度獵狗腳較短，屬於獵犬型，性格穩重，儘管有不精巧之處，但也可當狩獵犬使用。性情極活潑，精力旺盛。在茂盛的草叢下，追蹤野兔、穴兔、雉雞等獵物。不會亂咬獵物，對主人忠實，可當家庭犬。

　　巴吉度獵狗臉部表情似哀傷，實際性格活潑、溫厚，喜歡與人親近。聰明友善、有出色的狩獵能力、嗅覺敏

銳、速度快、追蹤力強、擅長狩獵。

這種類型的銷售狗擁有不急不躁的好脾氣和驚人的耐力，他們善於服從指令，在團體的銷售任務中能與同伴配合默契，熱情友好的個性使他們倍受客戶喜歡。

但是，這種銷售狗時常會用乞求的眼光來哀求客戶，有時這種方法會奏效，有時反而會招致客戶的反感。他們會被條條的命令限制得束手無策。此外，巴吉度狗是缺乏自信的一種狗。

有一家效益相當不錯的公司，在每一批員工正式上班之前，公司的總經理都要告訴他們：「誰也不能走進我辦公室旁邊那個沒掛門牌的房間。」但他從沒有解釋過這樣做的原因。

既然是總經理吩咐了，大家當然照做了（典型的巴吉度狗形象，服從指令，不知變通）。

這天，公司裡又招來一批新職員，總經理也例行公事的向這批員工重複了這個規定，開始時大家都沒有表示出任何意見，過了一會兒，一個年輕小夥子低聲說：「為什麼那個房間不能進去呢？」

　　總經理一臉不悅的喝道：「總之，你們不許進去就是了，不要問那麼多。」

　　總經理臨走時又看了那個小夥子一眼，小夥子低著頭沒有再問下去，但他的腦海裡還是不停的出現剛才總經理所說的那個房間，到底它有什麼神秘之處呢？是不是存放著什麼重要的機密文件？還是有什麼不可告人的事？如果不是，為什麼會有這樣的規定呢？這到底是怎麼回事呢？（凡事探個究竟，顯然不屬於巴吉度狗）

　　他如坐針氈了，無論如何也無法定下心來工作下去了，他幾次走到那個房間門口，但同事們都勸他，既然總經理都吩咐了，你冒這個險做什麼？再說，這個工作也算是不錯的，你總不會希望為了這麼點小事而丟了這份工作吧！

　　這個小夥子每當想到總經理的話，又不得不走回自己的座位上，但是，總覺得有什麼事令他坐立難安。

　　他又一次走到這個房間門口，同事們又前來勸阻，這一次他沒有再退縮，執意要進去探個究竟。

　　他先輕輕地敲了敲門，但沒有人應答，於是，他隨手

一推。門並沒有鎖，吱～一聲門開了，他走了進去，四處張望。房間裡面並沒有什麼神秘的東西，只有一張佈滿灰塵的桌子，上面還有一張紙條，用紅筆寫著幾個大字：「請把這張紙拿給總經理」。在沒有進入這個房間之前，小夥子以為會出現什麼奇蹟，事實上並沒有像他想的那樣，他非常失望，但既然已經進來了，也只能硬著頭皮把這張紙條交給總經理了，他鼓起勇氣拿起紙條去了總經理室，同時，也帶著被辭退的心理準備；同事們也都為他捏了一把冷汗。

當他從總經理室走出來的時候，他的表情竟然是愉悅的。不一會兒，總經理也走了出來，並向大家宣佈：「從今天開始，他將擔任公司的銷售經理。」他一邊宣佈，一邊指著這個年輕的小夥子，同事們都愣在原處。

「銷售是最需要創造力的工作，只有不被條條命令限制住的人才能勝任。」總經理給了大家這樣一個解釋。當然，那個小夥子也同樣沒有令總經理失望，他當季創造的銷售業績就突破了往年的同期水平。

在這個故事中，小夥子的其他同事們才是巴吉度狗型的銷售狗。故事中的小夥子並沒有被那些條條命令限制

住，而是敢於創新。命令是要服從的，但也要有創新的服從；如果這個命令本身就是錯誤的，那更是沒有必要去服從。所以說，有時候如果太過於死板，被一些不該遵守的規定框死了，你的事業也不會有太大發展。

巴吉度狗最大的優點就是忠誠。他們喜歡皺著額頭，耳朵耷拉著，一副奴才相，著實讓人憐憫。同樣的，這種類型的銷售狗們做事慢條斯理，那種走路都怕踩死一隻螞蟻的樣子的確和巴吉度狗十分相似。

巴吉度狗的確非常忠實，而且他的團隊精神也是無狗能比的，比如說，你趕他走，即使打他、罵他，而他頂多是轉個圈兒，轉來轉去又回來了，並且眼淚汪汪的看著你，使你不得不原諒他。巴吉度狗總是能夠承受一切，他從不會嫌你煩，從不會覺得你給他的壓力大，並且這種感情會維持好長一段時間，所以，身為管理者，你根本不用懷疑巴吉度狗的可靠性。其實，要想取得客戶的忠誠度是非常不容易的，而巴吉度狗憑著他對客戶的忠誠度卻可以在穩定客戶方面發揮巨大的影響力。客戶的期望和需求不斷增加，品牌之間的競爭也在不斷縮小，這個時候，如果單憑推銷是不容易吸引到客戶的，而巴吉度狗與人們建立

感性聯繫的能力在此時卻能對生意的興旺發揮決定性作用。

巴吉度狗沒有北京狗的貴族相，他們是平民中的平民，並且，巴吉度狗是很少表現出激情或自信的一種狗，北京狗肯定是不恥與這類狗仔們為伍的，他們會覺得有損他們的形象。但是，巴吉度狗們依靠他們的忠實還是建立起相當牢固、忠誠、長期的客戶群。面對客戶，他們會盡最大的努力來證明自己的可信度和忠誠性，如果客戶對他們沒有表現出同樣的熱情，他們則會感覺受到傷害，他們喜歡與客戶一對一的相處，以致能建立起一種私人的親善關係。

前面提到，巴吉度狗是那種你打也打不走，罵也罵不走的「狗皮膏藥」。尤其在推銷的時候，他們似乎有一種天生的卑微，有時候甚至也太卑躬屈膝了。流眼淚僅是他的一項特長，他還有很多你沒有見識過的高招呢！比如，他在乞求時，會拿著一個乞食盆，眼淚汪汪的發出嗚嗚聲或嚎啕聲，那種哀傷的眼神和乞求的話語，真是叫人撕心裂肺，會使得你每每屈服於他。當然，這個品種的狗很少會花費精力去做事情，平時大多是一聲不吭的。

這類銷售狗們很少花費時間在鍛鍊身體方面，他們的身體大多是軟綿綿的，常常蜷縮在自己的座位上，一聲不吭的。這類銷售狗們不管年齡多大，看上去都像中年人一樣，這一點是讓那些以鍛鍊才能保持年輕的銷售狗們羨慕不已的。這類銷售狗也不太會去關注社會上的任何一種流行趨勢，他們的穿著打扮一直都是各類銷售狗中最樸素的，他們認為花太多時間浪費在這些外在方面實屬不當。

在巴吉度的辦公室裡，你會體會到一片狼藉的概念：這裡一堆舊名片，那邊一堆破衣服。這種銷售狗不會在意你給他的骨頭是大是小，哪怕是少得不能再少的剩飯，對他來說也是獵取的對象，而且他們也樂此不疲。有時，他們還會故意製造一些事端讓你上當：他們會把一些裝滿帳單的包包假裝在你面前掉出來，然後跟你講一些他是多麼需要馬上去支付這些帳款，但卻沒有錢的話，以此來贏得你的同情，這種遊戲對別的種類的銷售狗而言可能會是一種極其丟臉的事，但他們卻不為所動。還是那句話，黑貓白貓，能抓耗子的就是好貓。過程不重要，重要的是結果。

堅持不懈是巴吉度狗天生的強項，他們不會被任何形

式的拒絕嚇退，不會因為你不接電話或把他拒於門外而退縮，他們會公然號啕著追問你為什麼對他們如此的不公，除非你能給他一個理由，否則他們絕對是不肯罷休的，他們從不知道什麼叫放棄，在他們的字典裡只有堅持、糾纏和哄騙乃至乞求，到後來，你不得不覺得「幸虧簽字了，否則只有死路一條了」，你甚至會認為你是在花錢消災。下次如果再遇到這種搖著尾巴乞求的銷售狗時，你一定會溜之大吉。

雖然巴吉度狗在客戶面前一副可憐的模樣，但他們追蹤和狩獵的本事可是讓人歎為觀止的，這種本事再加上他們的那種「直視你的眼睛」的作風，會使他很受老闆關注。他們通常是老闆們最後使出的撒手鐧，用可憐兮兮的巴吉度狗去俘虜客戶的心。

巴吉度狗的嗅覺和追蹤能力出神入化，哪怕是一些沒有肉的骨頭，他們也能憑著經驗找到它們並把它們叼回來。他們行事穩妥、可靠，能贏得客戶的信任。客戶明白，巴吉度型的銷售狗不會令他們失望，如果他們覺得某些產品或服務不適合某些客戶的時候，他們會實話實說，而不是以賣出產品為最終目的，不過，他們通常能找出一

種折中的解決方案，既讓客戶滿意，又能把產品推銷出去。

銷售診所：

我就曾經遇到過一個巴吉度型的銷售狗，我也是以買下他的產品為最終解脫，同時，還得慶幸自己決心下得早，否則我非得和他一起邊擤鼻涕邊傾其所有。

那天我在家看一個我非常喜歡的電視節目，門鈴響了，我拿著遙控器去開門。門外站著一個年輕人，我自認為他很年輕，看上去只不過二十七、八歲（可是他說快四十歲了），穿著不算時髦，但也乾淨，他背著一個看上去很重的包包。

「您是不是找錯人了。」我根本不認識這個人。

「小姐，我是某某公司的，我們公司新出版了一套《企業家名錄》，……我可以先進去嗎？這個包包實在是太沈重了。」後面的一句我實在不知道他是對我說的還是對他自己說的。不過當時我心裡只有一個想法，快打發他走，這個東西我不需要，把這個電視節目看得有始有終才重要。可是這個人在我還沒開口之前已經進來了。

「小姐，依我看，您肯定是在一家大公司上班，瞧家裡的擺式，如果再在書架上放上幾本書那就更好了，不是嗎？」他自顧自的說著，我嘴裡應著，但眼睛卻瞟著電視。

而那個人卻繼續說著：「這套書裡有全國各個企業的地址和聯繫方式，對您的工作一定會很有幫助的……」我猜他肯定看出了我根本就無意買這套書，我是設計電腦程式的，我猜他肯定也看出了我書架上的眾多電腦書吧！我要這麼一套書做什麼？但我不知道他為什麼還要如此執著。

「小姐，我們公司……」

「不知道您注意到沒有，我根本不需要這種書。」我實在有點生氣了。

他正在我的房間裡四處張望，在此之前我一句話也沒說，突然的一句話，他愣了一下，不過隨即坐了下來，隨著我的眼光注視著電視裡的節目。

「您瞧，您的生活是多麼美好啊！而我們家的生活……」（開始發揮巴吉度的強項）

　　女人是最容易被感動的，我聽出了他話裡的傷心成分。不由得把目光朝向他身上。

　　「我是農村子弟，家裡有七十多歲的父母，我和妻子帶著兩個孩子在都市生活是多麼不容易啊！何況現在找工作像我們這麼低學歷的實在是一位難求啊！」我發現他幾乎要落淚了。（淚眼攻勢以求得同情）

　　「您有那麼大歲數？」我覺他不過三十歲啊！已經有兩個孩子了？

　　「我四十多歲了，兩個孩子在都市哪上得起好學校啊！只能混一天算一天了。」

　　「那您的妻子呢？」我不由得有點同情他了。

　　「她在一家清潔公司做事，每天半夜才回家，孩子還小，天天哭著要媽媽，我實在是沒有辦法啊！您瞧，誰喜歡這樣推銷東西啊！我也有自尊啊！可是我實在是沒有辦法。」他已經落淚了。（乞求快要達到效果了）

　　「不過我是真的不需要這套書。」我的語氣緩和了下來，但目光還是不得不從電視上移轉到他的身上。「我考慮一下吧！要不然，您給我留一套吧！」與他那可憐兮兮

的眼神相視，我實在沒有拒絕的勇氣。（達到效果，任務完成）

結果是，我花了三千多元買了一套自己並不需要的書，並把它擺在書架的最外層。不過當時我真的覺得這三千元花得很值得，畢竟還讓我看到了這個電視節目的結局。

最活躍的可卡犬 Cocker Spaniel

可卡英文名字spaniel是獵鷸犬——「西班牙之犬」的意思，是從西班牙古語espaignol引申而來。獵鷸犬種來自十四世紀的西班牙。在一千六百年以前，西歐地區已有許多獵鷸犬種被用來狩獵。十八世紀時，英國已成功地將其改良爲兩個品種：一種叫小獵鷸犬，另一種則爲可卡獵鷸犬。目前我們熟知的可卡犬品種是十九世紀留下來的品種，這種犬種一九三〇年以前，在英國最受歡迎。可卡犬爲最優秀的獵槍犬種，目前則以展示犬聞名於世。在世界最古老且最大的犬展Crafts Dog Show上，可卡犬贏得了比其他犬種更多的優勝獎牌。

可卡犬性情開朗、聰明，可是有時會表現得非常頑固，容易激動和興奮，其尾巴一直激烈的搖擺，在行動和狩獵時尤其明顯。此犬很容易成為忠實的伴侶，尤其能成為小孩子的玩伴，討孩子們的喜愛，但必須給與足夠的愛護。

這種類型的銷售狗對公司會絕對忠誠，他們會把公司的每一件事當作自身的事來看待。而且他們性格十分活潑，充滿活力，能與客戶結為朋友。同樣的，他們對細節很會掌握。

不過這種類型的銷售狗會和可卡犬一樣表現出極強的頑固不化，遇事時非常不冷靜，容易激動和興奮，尤其是在客戶面前，這一點也正是這種銷售狗的致命之處。

上個星期天，小張帶著妻子去商場買冰箱，由於保母回家了，所以夫妻倆不得不帶著三歲半的兒子冬冬一起前往。他們在冰箱展示處看看這個又看看那個，外型和性能都差不多，到底買哪個好呢？夫妻倆一時也拿不定主意。小冬冬實在是走累了，靠在媽媽懷裡打起了瞌睡。（注意細節，夫妻倆帶了個孩子）

「你倒是比較一下呀！這樣下去何時才能買啊！我看沒買成我們已化成水了。」妻子一邊擦著汗一邊埋怨著。

「妳不是也看到了嘛！牌子呢？都是名牌的，性能又差不多，樣式嘛！覺得每個都不錯，還是再看看吧！」

正當夫妻倆還拿不定主意的時候，一位漂亮的女店員走了過來。

「不知您選了哪種品牌的，其實這些都是知名電器，品質絕對有保證，我們店裡對售出的任何一種電器都提供終身維修的。」

夫妻倆你看看我，我看看你，一攤手，無可奈何地說：「如果品種少一點，就不用考慮這麼多，可是這些品牌、性能和樣式我們都非常滿意，實在不知該買哪種好？」

「那就讓我為二位做個主吧！」女店員說著把夫妻倆引到了轉角處，指著其中的一款說：「這是今年的新款，您看看性能。」一邊說一邊把說明書遞給了小張。

「我們剛才看過了，這些性能都差不多，而且這種樣式我們覺得不夠大方。」

「是嗎？不過這種款式今年賣得特別好，再說，你們的寶寶都這麼大了，這種小巧的冰箱用起來才方便嘛！」說完，她摸了摸小冬冬的頭，問幾乎快要睡著了的冬冬：「寶寶，如果爸爸媽媽買了這種冰箱，你就可以把你喜歡的動物霜淇淋放在裡面了，爸爸媽媽一到家，可得記得給爸爸媽媽拿一支解解渴呦！」（從細節入手）

冬冬不知哪來的精神，嘟著小嘴說：「我這麼大了，爸爸媽媽老是不讓我做家事，我家的東西都放得那麼高，我根本就拿不到。爸爸，我們就買這個吧！等你們下班我就可以幫你們拿東西吃了。好不好哇？」冬冬轉過臉來看了看爸爸。

孩子真的長大了，小張這樣想著，「好，咱們就買這台。」

我們來分析一下這位女店員的行為，如果換作你，你會注意到小張夫妻倆帶著的那個小可愛嗎？也許你會忽視，因為身為孩子的冬冬，根本就沒有對所欲購買物品的決定權，所以，即使你注意到他的存在，也不會對他格外的多想，你的對象主要是小張夫妻倆，因為只有他們才能作主。而這個故事中的女店員在小張夫妻倆都沒有任何主

張的情況下，卻把目光轉移到了他們的孩子身上，在這種情況下，第三者的意見也許真的能發揮關鍵作用。何況現在好多孩子都是家長的心頭肉，他們的一言一行甚至會主導大人的決定。而這個女店員也正是發揮了可卡犬的優勢，抓住了多多這張王牌，使這筆交易在短短十幾分鐘之內就達成了。

可卡犬型的銷售狗好像有用不完的活力，每天都精力充沛，在公司裡你無時無刻都能看到他的身影，在你為他們感到困乏的時候，他們卻以此為樂，這一點與可卡犬的性格的確不謀而合。這種銷售狗對細節的把握也是恰到好處，他們不會放過任何一個微小的細節，因為他們知道這些細節對他們的業務會很有幫助的。

這種類型的銷售狗們雖然聰明、機靈，但他們特別容易激動，不時的搖頭擺尾，向公司或客戶抱怨個不停，當然，他們一般都是有充分理由的。當你給的答案或結果不是他想要的時候，哪怕你的是正確的，他也不會就此罷休，依然對你死纏濫打，直到他要的答案從你的嘴裡說出來才肯罷休，他們的這種固執有時實在讓人無法忍受。如果這種性格再稍加改正，也許可卡犬型的銷售狗也能拿回

一個狗展的優勝獎牌吧！

銷售診所：

　　小李剛剛畢業，在一家體育用品公司的帳篷部門工作。在學校他修的是市場行銷，所以對自己從事的工作相當有信心，覺得憑著他的口才肯定不會被客戶拒絕。這家公司在報紙上登了大量的廣告並在公司裡辦了一個產品展示會，而小李則被分配在大廳負責接待客戶。

　　這天下午，一個客戶進入展示廳，仔細觀看展出的帳篷，小李注意到了這個客戶用手搓著帳篷的材質，查看品質，並不時的看一下標價。小李認定他是一位潛在的客戶，於是走向前去，他暗想，今天非得把這筆交易達成。

　　小李笑容可掬地對這位客戶說：「您看啊！我們這裡有這麼多種帳篷，希望能滿足您的需求。」

　　這位客戶似乎比較喜歡自己挑選，而不喜歡別人的介紹，連頭都沒回地對小李說：「不錯，可選擇的不少，價格也都能接受，我都看見了。」

　　小李心裡明白，有好多人都認為別人主動推薦的不會是什麼好產品，但他並沒有因為這句話而放棄，繼續問

道：「請問您喜歡哪種產品呢？希望我能幫上您的忙。」

這位客戶可能覺得有點不好意思了，抬起頭來，對小李說道：「是這樣的，我家有四個人，兩個孩子都是十歲左右，我們打算這個假期去南方度假，因此打算買個帳篷，而且我們會去幾個地方，我希望它能長久使用。」

小李看情況有轉機，急忙說：「這還不簡單，您想要一種容易安裝並容易拆卸的產品吧！」

客戶好像突然找對了知音，也忙著回答：「錯，但它必須能容納四個人，而且不能太貴，度假的花費已經很可觀了。」

小李對這位客戶說：「您跟我來，您看，這兒的產品都能滿足您的需求，都是容易安裝拆卸的，您先看這種。」小李拿了一個帳篷，把它打開安裝好，接著說：「您瞧，這裡面多大呀！可容納像您一家四口的家庭，而且這種帳篷質地很輕，您也不需擔心，它不但有防水功能，右邊的窗子也很容易打開，能夠接受陽光，地面是用強力帆布特製的，耐拉，而且也防水，安裝好它非常容易，拆卸來也不難，您在使用中不會有任何問題。」小李一邊給這位客戶示範一邊把帳篷收了起來。

這位客戶好像很滿意，不停地點著頭：「看上去不錯，多少錢？」

「我們現在正在展示期間，價格合理，五千五百元。」小李應道。

「旁邊那個帳篷多少錢？」客戶指著旁邊的帳篷問道。

「那是個圓頂帳篷，是名牌的，比這個小一點，但也夠用，而且特性與這個差不多，五千二百元。」

「好的，謝謝您了，現在我已經瞭解了，星期六我再帶妻子來，到時再決定。」

「這是我的名片，如果有問題可以隨時找我，在展示期間我每天都在這裡，星期六我很高興能與您和您妻子談談。」小李遞過名片，但心頭卻很失落，他心想，為什麼這位客戶沒有當場買下來呢？

如果你是小李，你會怎麼來達成這筆交易？你認為小李在星期六能達成這筆交易嗎？

其實，每一位客戶在購物時，一般都會或多或少地存有一定的戒心，他會想：會不會被騙？這個決定合不合適？這個決定是最好的決定嗎？如果身為銷售員的你能從

以下幾點幫客戶打消顧慮那是最好不過了：

㈠多瞭解客戶的購買原因和有何顧慮，避免急躁的催促客戶購買。比如在以上的案例中，小李在應對這個客戶時，就應多瞭解這些問題，他可以詢問對方：「您經常外出旅遊嗎？在以前您遇到過不便之處嗎？您認為您的妻子和孩子對帳篷有沒有特殊要求？」

㈡該為客戶做主的時候就要為客戶做主。很多客戶在選擇產品上遲遲不能下決定，他認為眼前的這些大同小異，沒有多少區別。這時候銷售員應多為客戶分析，並重點推出某一種產品，過多種類的介紹只會延長客戶的決定時間，有時還會造成客戶的反感。在上一案例中，小李為客戶介紹產品時倒是不厭其煩，也介紹得很詳盡，或許正是因為如此，這位客戶才沒有當場交易，其實在客戶問到小李旁邊那個帳篷時，小李應果斷地堅持先前的主張，而不應該把矛頭指向客戶所指的另一個。

㈢可從其他客戶角度的選擇講解，進行類比分析。比如說，小李可以這樣說：「很多向您這樣的家庭都選擇了這種產品，而且反應非常好，我覺得像您這種情況還是用這種比較好。」

㈣在促成締結交易的關鍵時刻，小李可以這樣說：
「先生您看，剛才那位先生也是買這種的，我們這種產品
賣得很好，經常出現缺貨情況，我建議您還是不要再猶
豫，展示期一過，這種帳篷價格會馬上回升的。要不這樣
吧！您今天把它先帶回去，用的過程中如果出現什麼不合
適的地方，或者您的家人不喜歡，您可以隨時來找我更
換，您說行嗎？您支付現金還是支票？」

如果小李能從以上各點來進行對這種帳篷的銷售，結
果一定就不一樣了。

最貼心的金毛獵犬 Golden Retriever

　　金毛獵犬的原出生地到目前爲止還沒有答案，改良的品種大致是在十九世紀後期出現的，最初的名字叫蘇俄追蹤犬，後來加入佛樂尋獵物犬種、尋血獵犬種、水獵鶸犬種的基因，配種的結果使金毛獵犬天生具備獵取能力，善於追蹤及具有敏銳嗅覺。一九○八年首次展出以後，深受人們的青睞。

　　金毛獵犬性格沈穩，對任何事都充滿信心，對主人忠誠，對小孩也具有耐心，是理想的家庭犬。金毛獵犬需要充分的活動量，以保持充沛的精力。金毛獵犬在寒冷的雨天也能工作或玩耍。

　　這種類型的銷售狗，性格穩重，在一般情況下不會衝

動行事。對公司忠誠，無論做什麼事都信心十足，對工作熱心，不會爲小事而斤斤計較，他們不會因爲你把重擔壓到他一個人身上而心存不滿。

我有個同學，在一家化妝品公司做銷售員。在我的印象中，她一直都是那種馬馬虎虎的人。可是自從工作以後，我發現以前的種種毛病不見了。不但少了慵懶，反而多了敏銳、坦率和熱情。

有一天，雨下得很大，我家離公司很遠，所以我打了通電話向老闆請假，推說一個遠房親戚來訪，需要陪他一天。不過一個人在家實在無聊得很，於是打電話給這個同學，因爲她家離我家很近，我想她肯定在家，讓她來我家坐坐好了。依她以前的習慣，這種天氣是絕對不外出的。可是我一連打了好幾通電話，都沒有人接，於是我打了她的手機，誰知道她只說了句「等晚上我打給妳」就匆匆掛電話了。

當時我真的有點吃驚，難道這麼大的風雨她竟然不在家裡？說什麼我也不信。

晚上她打電話給我，答案真的讓我目瞪口呆。她說今天拜訪去了一位客戶，而且還簽了一筆訂單，言談間透露

出興奮的語氣。

「奇怪，妳以前可不是這樣的，妳是那種閒著還嫌累的人。怎麼會有如此大的改變呢？」我不解地問。

「老是那樣豈不是一點進步也沒有嗎？人總是要改變的嘛！」她那輕柔的聲音我能想像得出她此刻一臉的笑意，突然我又想到了她養的那隻毛絨絨的金毛獵犬。

她還對我說：「做我們這行的，客戶要什麼，你就應該給什麼。」

金毛獵犬型的銷售狗們無論何時都是畢恭畢敬地坐在那裡，任客戶在那裡說得口沫橫飛、天花亂墜，他們依然會滿懷笑意，如果客戶一聲吩咐，他們肯定會馬上循聲行動。在辦公室裡，他們會笑逐顏開地坐在自己的座位上等客戶的電話，即使沒有一通電話，他們也絕對會保持那種樂觀的姿態，因為他們始終相信，他們的客戶是偏愛他們的。只要他們的客戶一出現，他們就會歡天喜地的跑過去，哪怕這個時候客戶扔過來的是一根沒有肉的骨頭，他們也會狂奔過去，把它給叼回來。

為了取悅客戶，這種銷售狗會做任何事情，如果你要

求他給你鞠個一百八十度的大躬，他們肯定不會說一個「不」字，說不定還會在地上打幾個滾兒來給你增加樂趣。對他們來說，一切為客戶著想，為客戶想得越多，客戶也就會越喜歡他們，最後從客戶那裡拿走的訂單也就會越多，如果單靠一張嘴就想要把產品推銷給對方，那麼可就犯了他們的大忌。在別人眼裡，那種卑躬屈膝就是乞討，而在他們看來，那是為客戶服務的機會。

他們會認為自己的銷售方法是最好的，除此之外，別人的方法都不可效仿。他們總是開著自己的手機，有時還準備幾個備用電池，他們相信客戶有任何需要的時候都會打電話給他們，如果正好這個時候手機沒電或關機了，那這個錯誤是不可以原諒的。

身為老闆，如果你的屬下有金毛獵犬的銷售狗，那麼你需要時時提醒他，讓他們記住他們的主要工作是推銷東西，而不是只是為了多拉攏一個人而已。大多數金毛獵犬都很成功，因為他們懂得利用為客戶提供超級客戶服務來進行推銷，他們相信，只要他們照顧好潛在客戶、老客戶，那他們賺到的錢就會直線上升。可以說，他們對客戶服務的重視比他們對產品的重視更積極，這也是他們取得

成功的基礎。在他們看來，提供持續不斷的優質服務是積累財富的最重要手段之一。在大多數情況下，銷售的最佳機遇也正是在他們自己的客源當中。

和北京犬一樣，金毛獵犬知道滿意的客戶不僅會成為購買他的產品的回頭客，而且還可以成為自己最有說服力的宣傳者和品質見證人。所以，金毛獵犬很少搖著尾巴去費力尋找新的客戶，他們已習慣在老客戶身上增加銷售額。而事實上，向一個新客戶推銷產品需要付出比老客戶多六倍的時間、金錢和精力，不過，在恰當時候，他們還是會去發展新客戶的。

金毛獵犬算是一種目光長遠的銷售狗，他們建立起強大的銷售機構和售後服務機構，並用他們的一生為客戶服務。和巴吉度狗不同，金毛獵犬對於客戶的拒絕多數情況下不會等閒視之，他們認為客戶的拒絕就是對產品或服務的不滿，如果這種情況發生，他們會一聲不吭地退回來，改正錯誤，以為客戶提供更好的服務來彌補客戶的批評。

金毛獵犬天性友好、性格沈穩、聰明機靈，他們對自己客戶的長期購買潛力瞭如指掌，並根據這些購買潛力為客戶提供量身定做的一整套服務。有時，金毛獵犬的老闆

對他們會相當不滿，因為他們對產品的推銷好像並不是十分熱中，在別人眼裡，他們絕對是站在客戶的角度，他們的目的不是為了推銷產品，而是為了有更多的朋友、同事或熟人。別看他們整天心不在焉的樣子，他們卻總有辦法讓每一次交易和每一次服務都增加一些價值，並能採用新的方式取悅客戶。

銷售診所：

小趙是網路伺服器銷售人員，以下是他向一家潤滑油公司的電話推銷過程。

小趙：您好，請問是某某潤滑油有限公司嗎？我是某某公司的網路伺服器銷售代表，你們的網站速度好像很慢，麻煩您幫我轉接你們網路管理員好嗎？

總機：是嗎？速度好像還可以吧！

小趙：你們使用的是內部網路吧？

總機：是呀！

小趙：那就對了，內部網路肯定會比用外線上網要快，您瞧，我已經等五分鐘了，首頁還沒有完全顯示出來

呢！你們有網路管理員嗎？

總機：您等一下，我幫您轉接過去。

小趙：謝謝，請問，網路管理員怎麼稱呼？

總機：我們這裡有兩個網路管理員，一個叫吳力，一個叫劉松。我也不知道現在他們兩個誰在，我幫你轉接過去。

（等待。）

劉松：你好！我是劉松，請問你是哪位？

小趙：您好，我剛才用外線上過你們的網站，我想瞭解一下有關你們公司潤滑油的情況，從進入你們的網站到現在已經十分鐘了，首頁還沒有顯示完全呢！你們的網站速度也太慢了吧？

劉松：不會吧？我這裡看還可以呀！蠻快的。

小趙：剛才我問過你們同事，你們使用的是局域的內部網吧？如果是，你是無法發現這個問題的，要是你用外線上網的話，你就可以發現這個問題了。

劉松：對了，您怎麼稱呼？您是要購買我們的潤滑油

x

嗎？

　　小趙：不好意思，說了半天竟忘了告訴您，我是長城伺服器銷售人員趙玉，您就叫我小趙好了。我平時用的就是你們的潤滑油，今天只是想看一下你們網站的一些產品技術指標，結果發現你們的網站速度太慢了，是不是感染了病毒了？（服務至上）

　　劉松：應該不會吧！我們有防毒軟體，而且前幾天剛檢查過。

　　小趙：既然不是病毒的原因，那就是頻寬不夠了，不然不應該這麼慢的，以前發生過同樣的情況嗎？

　　劉松：我也不太清楚，我剛來沒幾個月，不過，在這幾個月當中未曾發生過這種情況。我們這裡的主要網路管理員是小吳，可是他今天不在，要不然他回來我請他給你回個電話？

　　小趙：不用了，謝謝，沒有關係，你們網站是託管在哪裡的？

　　劉松：應該是海澱電腦網路中心。

小趙：那你們用的是什麼伺服器？

劉松：不好意思，這個我也不知道！

小趙：沒有關係，我在這裡用外線登陸似乎是伺服器回應越來越慢了，有可能是該升級伺服器了，您看，現在才進入主頁。不過，沒有關係，升級還是比較容易的，小吳何時來？（好像已經成為了朋友關係）

劉松：他呀！這兩天有點事，後天才來上班吧！不過我們上週的確是討論過要更換伺服器，我們公司考慮利用網路來管理全國一千三百多個經銷商了，好像也有人反映過從外部登錄有點慢。

小趙：既然這樣就太好了，我還是後天過去一趟吧！也有機會瞭解一下我用的潤滑油的情況，另外，我們也可以聊聊有關網路伺服器的事情。（服務第一，推銷產品第二）

劉松：那好，你就後天過來吧！小吳也會在，而且這些日子不會有什麼特殊事情，我們現在也沒有什麼工作。

小趙：那我們後天見。

對這一案例進行分析之前，我們先來看一下電話銷售

中的4C，這是電話銷售必須要瞭解的，4C本身不是技巧，而是實施技巧的一個標準流程，經驗不足的電話銷售人員可以在初期的時候按照這個銷售流程執行，熟練以後一般就忘記了這個流程，但是銷售實力卻不知不覺地明顯提高了。4C的流程是：迷茫客戶（CONFUSE）、喚醒客戶（CLEAR）、安撫客戶（COMFORT）、簽約客戶（CONTRACT）。第一個C是應用在第一階段的，第二、第三個C是應用在第二階段的，第四個C是應用在第三階段的。

這是一個典型的透過電話預約來促成銷售的例子。在這個例子中，小趙使用了4C中的前三個C，首先他讓客戶迷茫，巧妙地向客戶提示網路伺服器的回應緩慢的問題，並對這一問題進行了分析，或者是有病毒的可能，或者是頻寬的問題等，總之是問題重重導致客戶迷茫；其實是採用了喚醒客戶的策略，即明確指向伺服器回應緩慢的可能，並安撫客戶，暗示客戶其實只要使用適當的伺服器，這些問題就不用擔心，並相約了一個時間到這家潤滑油公司看看，一來領略一下這家公司的產品（潤滑油），二來瞭解有關網路伺服器的問題。在最後這點上，我們就可以看出小趙就是一個金毛獵犬，首先把客戶當成了朋友，其

次才把客戶當成推銷的對象。

　　由案例中我們不難發現，劉松是一個客戶組織中影響力並不大的人物，但是，小趙卻能從影響力不大的客戶組織內部的人身上嗅出了大訂單的可能性。因此，小趙立刻改變策略，要求拜訪這一公司，並獲得了劉松的同意。劉松的支援也主要源於小趙對銷售中4C理論的有效運用，否則他不會想到這一點。

愛表現的日本狆 Japanese Chin

　　請你千萬不要被日本狆的名字所迷惑，其實日本狆屬於中國犬種，與八哥犬、北京犬同屬西藏獵鷸犬子孫。此犬於西元七三二年，即聖武天皇天平四年，由中國傳到日本，日本皇室及上流社會的特權階層尤其寵愛這類異國小型犬種。一八五三年，由貝利提督攜帶數隻日本狆到美國，西洋人才終於有緣和如此優雅精緻的小型犬相識。

　　日本狆好奇心強，極富感情，為家庭犬的常見犬。日本狆舉止端莊、幽默，愛表現自己，是優良的展示犬。日本狆由於受皇家及將軍們的喜愛，在犬界的地位比較突出。

　　這類銷售狗多是感情豐富的一族，並富有幽默感，雖

然愛表現，但是在表現的過程中也能完成一大筆訂單。

日本仲的好奇心強，由於深得主人的喜愛而沾沾自喜，往往有點驕傲心態。

小A是一家大型公司的銷售代表，在他們這個圈子裡，很多同事都已經住著別墅，開著豪華名車，滿身的珠光寶氣，而他雖然積蓄了一筆錢，但還算是個小康階層，看著同事們那種傲人的勁兒，他的心裡非常不滋味。

那天早上，小A高興得像中了獎似的，一邊走一邊看著自己手腕上那只剛買來的瑞士名錶，嘖！嘖！小A一連發出了好幾次聲音，企圖向全體同事宣佈一下這個消息。

小A今天約好了要去一家老客戶處談一筆業務，他和那位B經理非常熟，而且他也特別羨慕那位經理的「財氣」。「不過今天呢，」小A搖著自己手腕上的手錶想道，「我必須讓他瞧見我的這只手錶，再怎麼說也是十萬買來的，以免他們以後瞧不起我。」他再次搖了搖手腕，故意讓手錶發出清脆的響聲。

走進B經理的辦公室時，小A刻意的把袖子挽了起來，露出手腕上的那只閃閃發光的名錶。

　　一陣寒暄之後，小A和B經理開始進入正題，小A把設計方案交給B經理，B經理細心地看著，其實小A設計的方案的確不錯，B經理不時地點著頭。

　　小A頻頻地看著自己的手錶，並刻意地在B經理面前晃動，B經理抬起頭來，輕聲問小A：「你有事？」「沒，沒有。」小A急忙搖頭，B經理又繼續看他的設計方案。

　　怎樣才能讓B經理看到這只名錶呢？小A把袖子挽得更高了，輕輕地搖著胳膊，清脆的響聲並沒有引起B經理的注意，小A不由得又看了幾眼手錶。

　　B經理眼角的餘光似乎已經注意到小A的舉動，他再一次抬起頭來：「我看你肯定有急事，要不然怎麼老是看手錶呢？有事的話你就先去忙吧？」

　　小A紅著臉說：「真的沒事，您看吧！」

　　B經理又繼續低下頭去。小A心裡總是忐忑不安，怎麼B經理就是看不到我的手錶呢？他不禁仔細地打量起手腕上的那只瑞士名錶，辦公室裡射進了一道陽光，經陽光一反射，正好投射到了B經理臉上，B經理終於注意到了小A的手錶：「我看你真的是有事，我看這樣吧！你先去忙你

的，等你忙完了，我們再談吧！」B經理把設計方案還給小A，對門外的秘書喊道：「讓下一位客戶進來吧！」

小A不得不離開了B經理的辦公室。

這個故事中的小A就是一個極愛表現自己的人，他買了一只名錶，怕那位經理沒注意，接連好幾次想吸引經理的目光，但是最後經理不但沒注意到他手腕上的錶，反而以為小A有急事而沒有達成這筆交易，這不能不說是小A愛表現的結果。愛表現的人在積極表現自己的時候，往往不懂得尊重他人，不知不覺地搶佔他人的表現機會，導致別人的不快，嚴重的甚至還會影響人際關係。

但話說回來，表現也並不是壞事，但是要有一個限度。要恰當地表現自己，不要讓表現欲失控。在這個故事中，小A的表現欲太強了，應該是屬於銷售狗中的日本狆才對。其實，每一次表現都是一次鍛鍊，在增強膽量的同時，還能提高語言表達能力或動作技能，甚至還會促進思維靈活性的發展，進而增強自信心，構成一個良性循環。愛表現的人會有更多的機會參與活動，進而能夠多層面地體驗豐富多彩的生活，擴大生活的閱歷。在活動中，他們又會不斷地遇到新的挑戰，而迎接新的挑戰又能激發他們

的進取精神，主觀願望在各種環境中得到充分展示的同時，精神也會處在一種輕鬆積極的狀態。愛表現的人的優勢很容易被人發現，愛表現的同時就等於是在自我宣傳，從個體來講，也更能適應競爭激烈的現代社會。

別看這類銷售狗舉止像個紳士，但他們很具幽默感，三言兩語就能讓客戶開懷大笑。在笑聲之餘，一份訂單就到手了。幽默的魅力是無窮的，身為一門藝術，銷售也需要幽默。如果銷售狗們都像日本狆一樣把幽默帶進銷售領域，在激烈的市場競爭中就會多一份獲勝的希望和意外的欣喜。同時，幽默還是一種成熟、一種智慧，能夠引導人對笑進行深入的思考，有智慧的幽默表現為大智若愚自然為之，而非故作姿態以顯深奧。這一技巧和方法的巧妙運用，往往會令銷售者本人大受其益、獲利匪淺。據說，國外有一個進口商，他們國家規定，凡進口高級手套者要繳納重稅。面對這項規定，該進口商將其從國外購買的高級皮毛手套一萬雙，按左、右手分別包裝。他先將一萬隻左手套海運回國，因不成對，結果只繳了一般貨物進口稅。這時，海關人員密切注意，近期內可能有一萬隻右手套「不期而至」。事實果然如此，只是這批貨總是沒人來領，只得存放起來，直到超過一定期限，當局只好以廢物

拍賣，當然只有那個進口商「捨得」花錢買這批「廢物」。最後左、右手套破鏡重圓，進口商獲利甚大。同樣的，日本狆們也往往會從他們的幽默當中小有收穫。

日本狆很具有人緣，他們在任何時候和客戶都沒有距離感，和客戶說說笑笑，好像是老朋友似的，這種推銷的方式會使他本人和客戶都感到輕鬆而沒有壓迫感，所以很多客戶都希望和這種銷售狗打交道。

日本狆的好奇心太強，這一點有時會令客戶頭疼，有時也會讓快到手的訂單由於某一個小細節而斷送。由於被客戶們寵慣了，日本狆的驕傲心態往往會影響他們的業務，所以，如果你是一隻日本狆，千萬要注意，要時刻抵制這種驕傲心態，否則得不償失。

銷售診所：

傑克遜是某跨國公司的業務代表，他負責銷售公司生產的吸塵器。

一天，他到了一個高級住宅區推銷吸塵器。傑克遜按響了一戶人家的門鈴，開門的是一位和藹的夫人。按傑克遜的經驗，這樣的女士購買率較高，所以，他不禁暗自高

興。

　　傑克遜微笑著向這位夫人點點頭：「早安！夫人，我叫傑克遜，是XXX公司的銷售代表，您一定聽說過我們公司生產的電器吧！」

　　那位夫人攤攤手，說：「聽說過，不過還沒有用過。」

　　「那我能向您介紹一下我們公司的吸塵器嗎？它可是世界一流的。」傑克遜忙接道。

　　「可是，先生，我現在忙得很呢！而且，我也不想更換吸塵器。」那位夫人對傑克遜無可奈何地說。

　　傑克遜略微停了一會兒，不慌不忙地說：「沒關係，夫人，讓我用它給您的小地毯吸吸塵怎麼樣？」（有些愛表現的意味）

　　那位夫人又不好意思地一笑：「不過，我的地毯很乾淨，我每天吸塵一次的。」

　　傑克遜急忙解釋說：「夫人，我的吸塵器吸力大，我敢保證它可以吸到其他吸塵器難以吸到的灰塵。」

「那好吧！就給你幾分鐘，讓你在客廳的那塊地毯上試驗一下吧！」那位夫人似乎有些無奈。傑克遜隨口又問：「順便請問一下，夫人怎麼稱呼？」（有人情味）

「我姓安，傑克遜先生。」

傑克遜向安夫人展示了嵌在吸塵器裡一塵不染的儲灰袋後，便打開機器，非常認真地在地毯上工作起來，過了一會兒，他停下來，在地毯上鋪了一張白紙，然後把儲灰袋倒空，果然，吸出了一些非常小的粉塵。

……五分鐘後，傑克遜離開了安夫人家，當然，安夫人並沒沒買他的吸塵器。

我們來分析一下傑克遜的工作是否達到了預期效果並討論一下傑克遜下一步該怎麼做才能使他的產品更具有說服力呢？

在這個案例中，也許傑克遜的做法是有些愛表現，但他是爲了突顯銷售產品的性能，使之與其他的吸塵器相比優勢更加突出，所以他的表現是對的，而且從案例中我們還可以看到，傑克遜在工作中是相當認真的，並極力的使自己的工作富有人情味兒，這一點我們可以從他問候安夫

人時看出。

那麼傑克遜下一步該怎麼做呢？他可以先讚美一下安夫人，地毯居然這麼乾淨，瞭解一下她打掃衛生的習慣，如果可能，可以讓安夫人在隨後的幾天試用一下這種吸塵器。其實，被吸塵器吸出的細小粉塵就是這種吸塵器性能的最好明證——吸力果真比其他的吸塵器大。傑克遜可以說：「可以看出來您是一位認真而又精益求精的夫人，我想這款吸塵器非常適合您！您也瞧見了，它不僅可以達到一般的吸塵器可以做到的吸塵功能而且可以吸得更徹底，我想這就非常的符合您的需要，您說呢？」

在上文中我們已經說過，幽默也是一種藝術，如果此刻傑克遜能再加上幾句幽默的話，這種效果則會更加突出，如「您看，在這種情況下它都能吃得這麼飽，何況在其他情況下呢？」

最好鬥的鬥牛犬 Bulldog

　　十七世紀前，在鬥牛活動方面的犬種，即被稱為鬥牛犬。據說當時的鬥牛犬種比我們今天知道的鬥牛犬具有更大的攻擊性。根據此特徵，我們大約可以判斷鬥牛犬祖先的品種，可能是西元前六世紀傳到英國的獒犬。從外表看，鬥牛犬會使你覺得可怕，但牠卻是善良、親切、忠實的犬種。此外，鬥牛犬還擁有勇敢和十足的忍耐力，因此此犬被譽為英國的國犬。

　　鬥牛犬親切、可信、對小孩和善，能力強，可作警衛犬。鬥牛犬外貌與職業拳擊手相似，其勇敢的個性，深受英國人喜歡，經常威風凜凜地與對手正面決鬥。

這種類型的銷售狗對人和善、親切、忠誠，很值得客戶信賴。工作能力強、勇敢，敢直接正面和客戶交鋒，忍耐力強。

但他們延承了鬥牛犬的性格，表面一副拒人於千里之外的表情，往往給人一種望而生畏的感覺。第一感覺是使人不易親近。

我的好友李三年前剛到北京的時候，我就曾遇到過一個像鬥牛犬一樣的銷售員。

有個週日他打算把積攢了一週的衣服洗一洗，可是把水倒滿後，一打開洗衣機才發現沒有一點反應，肯定又壞了。於是，他去了離家最近的那個電器商場。他的一個同事家剛買了海爾的洗衣機，聽說功能和價格都還不錯，款式也符合他們這種準備隨時搬家的外地打工族。

好幾個牌子的洗衣機在商場一層的西北角排放著，在每一個牌子前面都有一個銷售人員。而他逕自走向了海爾的那一區。

在海爾前面站著的那個小夥子個子高高的，一臉的嚴肅相，用小李家鄉的話說就是：好像誰欠他八百塊錢似

的。當時，他可眞是硬著頭皮走過去的，心想：誰讓我就認定了這個牌子呢？

後來想起這件事的時候，他覺得自己的判斷太武斷，爲什麼那個時候偏愛以貌取人呢？在他覺得那個小夥子只是那種充當電線杆的角色時，他出乎意料地在小李還沒有走到他之前時就向小李打招呼了。小李倒是有點受寵若驚，一時竟不知該說些什麼。

在他講明來意之後，他熱情地幫小李介紹了海爾洗衣機的種種款式，還幫小李分析了價格。由於當時感慨於自己的失誤，又覺得有點愧對那位銷售員，總之，在那個小夥子的鼓動之下，那天他買回了一台自己還算滿意的洗衣機。現在那台洗衣機已用了好幾年了，外表和內在功能都還完好如初，可見他在這一決策上並沒有失誤，那位小夥子也的確是從小李的角度爲他考慮了。這件事以後，小李很少再那麼武斷地去判斷事物，比如說，看到像鬥牛犬一樣的狗時，他不會再被牠嚇得不知所措，小李知道，在牠的那張凶巴巴的臉底下說不定有一副善良的心腸。

銷售診所：

　　約翰在紐約開設了一家風景服務公司，剛開始時他的主要業務是修剪草坪、花草樹木、除草，以及收拾花園等。後來，他開始從事草坪以舊換新業務。該公司以服務優質且快捷著稱。邁克爾一家前兩天剛剛搬入新房，新房占地四分之一畝，由於剛剛入住，地面潮濕還有沙土，戶外沒有任何樹木，於是邁克爾打電話給約翰詢問這一服務，並相約於星期五早晨見面。

（星期五兩人首次見面時的對話）

約翰：早安！邁克爾先生，我就是喬‧約翰。

邁克爾：早安！很高興見到您。

約翰：非常榮幸能為您服務。

邁克爾：約翰先生，我們可是久聞您的大名啊！

約翰：多謝！我以我們的優質服務為榮。在這個地區，您隨時都可以看到我們的傑作。

邁克爾：的確，我們已見過了幾處，很滿意。我們也希望您能幫我們設計一下。

約翰：沒問題！讓我先看看您的這個房子吧！

（邁克爾和約翰在住宅周圍轉了幾圈）

約翰：您的這棟房子實在太美了，您先說說您的意見吧！打算規劃成什麼樣子的？

邁克爾：您也看到了，我們剛搬進來，空空如也，我還沒有什麼想法。

約翰：剛才參觀您的房子時我想到了一個好主意，已經有了一個大體架構，我看我們最好再約個時間談談，我先回去按您的這個面積畫出一個設計樣圖來。您說呢？如果可以的話，下週二的晚上怎麼樣？

邁克爾：好啊！那就這樣約定了。

（第二次會面：約翰與邁克爾寒暄幾句，便進入正題）

約翰：回去以後，我畫了幾張草圖，您看一下，哪個比較符合您呢？

邁克爾：不好意思，我有些看不懂，您能幫忙解釋一下嗎？

約翰：好的。您的這棟房子的確太漂亮了，您和夫人

一定爲之驕傲吧！

　　邁克爾：是的，您要知道我們爲了買這棟房子可花了不少錢呢！

　　約翰：所以嘛！爲了更加完美，您應該有一個漂亮的戶外環境草坪、灌木叢、花卉和樹蔭。我建議您不要用三英寸厚的塡土，而是直接從漢森莊園引入一層四英寸厚的沃土，並種植那裡的蘭草，這種設計雖然貴了一些，但您今年夏天就會有漂亮、迷人的草坪了，如果用塡土的形式，再在上面撒種，那要花費很長時間。這只不過是我個人的意見，您看如何？您還有什麼問題？

　　邁克爾：聽起來不錯，那需要多少錢呢？

　　約翰：我們的服務將一直持續兩年。全部費用八千美元。

　　邁克爾：八千美元！我們兩年前只爲舊家空地花了二千五百美元，還覺得太貴了呢！

　　約翰：那您就錯了，這種設計看起來是貴了點，但是，我們會爲您提供兩年內的各項配套服務，如種植灌木、養護等。

邁克爾：其實我們也與其他幾家風景服務公司談過，價格比您要便宜很多。

約翰：別的公司的服務，我們也可以做到，無非是幫您植草、翻土、種樹，直到草坪變綠，那要花約一個月時間，我們只收您二千美元，但是以後的事情我們就不負責了，您也知道，有一些草坪剛開始看著實挺好，但有的會出問題，到時您可就得不償失了。

邁克爾：這個道理我也明白，一分錢一分品質嘛！二千美元和八千美元的服務肯定會大不相同，我只是在想，為了那些服務差異而多花六千美元是否值得。

約翰：我覺得值得，讓我們來回顧一下有哪些差異吧！首先，地皮是全套的優質地皮，來自漢森莊園的沃土，每一棵灌木都精心挑選，並放在合適的位置，有一些是常青的，還有一些是四季變化的，這樣，您的花園便四季如春，景色各異。另外，每一棵樹都是不同類型的，有兩棵二十英尺高，一年後便有樹蔭，另外，我們在兩年內為任何死去的草木免費替換，如果按照便宜的價格，您得到的只不過是一個綠草坪、一點灌木、幾棵小樹。但多花一點錢，便可迅速擁有一棟豪華宅院。這樣您在同事、朋

友面前才會更加風光。

　　邁克爾：聽起來眞是不錯……

　　向用戶介紹產品，關鍵點是向客戶介紹使用該產品能給他帶來什麼好處，哪些好處是他現在正需要的，著名的FAB法（功能、特點、利益）被行銷學廣爲應用，也就是先向用戶介紹某類產品的功能，再介紹產品的特點、優勢，接著將本產品的特點與消費者關注的利益點聯繫起來，最後解答一些技術問題與售後服務問題。

　　在與客戶的接觸過程，最難判斷的就是他們的關注點或利益點。一個好的推銷員應該借鑒華佗的治病箴言「望、聞、問、切」來弄清楚他們關注什麼。

　　望：觀察客戶，一眼識別客戶的層次、素質、需求、喜好等。在上一案例中，約翰在參觀邁克爾的住宅時就「望」到了邁克爾買這棟房子花了不少的金錢，所以他從這裡下手。

　　聞：聽客戶的詳述，必須給客戶表白的時間，並專注聆聽，客戶沒有耐心爲你多講幾遍，他們也不會反覆強調重點，甚至有些時候他們會隱約地隱藏自己的眞實需求，

這就更需要細心聆聽。上一案例中，在詳述自己的觀點之前，約翰請邁克爾先說了一下自己的觀點。

問：客戶只知道他目前需要購買東西解決問題，卻對買什麼與怎樣做不是太清楚，這就需要推銷員擔當策畫師的角色了，為客戶提供全面、準確、最適合的策畫方案。推銷員要想清楚瞭解客戶的需求，就需要透過提問、回答反覆深入地瞭解客戶的真實想法，進而給客戶最需要的建議，完成銷售的目的。在上一案例中，這種提問也有不少。

切：考察客戶的實際狀況。客戶的詳述、回答都不一定正確，這個時候你就要為客戶提出意見了。如上案例中的約翰就很有主張。

總體來說，約翰敢於從正面直接向客戶闡述，面對客戶關於價格的挑戰，約翰並沒有退讓，而是從正面分析價錢高的理由，而且從案例中我們也明確看到，約翰確實為客戶考慮了。所以說，最後約翰達到這筆交易的可能性會很大。

勇往直前的比特狗 Pit Bull

比特狗的最初起源地是美國，屬於大型軍犬，多用於警備或軍事戰鬥，有人也將其訓練成護衛犬，用於看護重要設備。比特狗具有驚人的攻擊力，一般不宜於家庭馴養。

比特狗具有勇往直前、堅忍不拔的性格，讓人敬畏又懼怕，攻擊力強，嗅覺靈敏。

這種類型的銷售狗也具有了比特狗的特性，他們對任何事都堅持到底，再大的困難也不畏懼，並且對人直率。

不過，這類銷售狗比較好鬥，也特別容易激動，動不

動就火冒三丈，缺乏應有的耐心和智慧。

比特狗嗅覺靈敏的程度簡直讓人無法想像，比如說：一根肉已經掉光的骨頭，只要還叫做骨頭，還有一點骨頭味兒，那麼他就能把這根骨頭給找出來，而且這根骨頭的慘相可想而知。因為比特狗的進攻是兇猛的，即使他咬到的只是你的一個衣角，他也不會罷休，他的性格是絕對不允許他鬆口的，最後，你連木棍、皮鞭都用上了，他還是不會表現出任何的畏縮，直到把你咬得遍體鱗傷為止，你屈服了，他卻沒有絲毫同情。

對於比特狗，你不需要把大塊的骨頭扔給他，只需要給他一丁點帶肉香的骨頭渣子，他就會跑到市場上把大塊大塊的肥肉給你叼回來。不過，你可要為他做好善後工作呦！他的身後肯定會有成群的客戶或潛在客戶拿著各種武器，大吼大叫的拖著受傷的腿或胳膊拼命追趕。如果你有比較好的應對策略還好，否則的話，不僅僅是他，連你也會「株連九族」的。

不過，如果在你放比特狗出去之前，先給他戴上籠套，灌下鎮定劑，那麼他也會按你的意圖索驥的。

　　比特狗不太圓滑，甚至有時候態度有些粗魯，他們會覺得待在衣帽間比待在網球俱樂部裡更自在，他們認為銷售就是一種爭取合同的體育運動。即使你派他們到骯髒的工地會見那些灰頭土臉的工人，他們也不會有任何怨言，他們絕對能在一片瓦礫之中掀起一些生機。

　　比特狗是那種沒事找事的人，只要有事情可做，他們就會非常開心，他們寧可追著自己的尾巴轉也不願穩穩當當的坐一會兒。

　　其實，別看比特狗兇猛無比，但也正是他的這種力量和無畏精神，才使得他們在眾多方面取得了成功。他們會做大量的工作或是去搜索潛在客戶，堅持推銷自己的產品，哪怕是屢遭拒絕。就算他們也體認到了自己的缺點，也認為自己應該退卻了，但在別人面前，他們依舊會表現得堅持不懈。如果換成別種的狗，只要一個字「不」，就能把他們打發了，但比特狗就沒那麼好對付了，他會咬住你不放，直到你說出「行」為止，不過，這一切都是在他能嗅到有一絲香味的情況下，沒有希望的訂單他是不會去浪費時間的，畢竟他是銷售狗中的冠軍狗。

　　銷售診所：

喬森是華盛頓某零售商店的店員。

一個星期三的早晨，一位中年先生進入店中，喬森連忙上前詢問：「您好，先生，您需要什麼呢？」

這位先生也禮貌地答道：「您好，叫我傑克，我正在尋找一套新式音響，不知您這兒有沒有？」

喬森把傑克先生帶到了音響展示區前，並向傑克介紹了各種品牌及款式的價格。

傑克聽完喬森的介紹，並仔細地看了半天，然後對喬森說：「我只想購買一部價格在七千美元左右的音響，我覺得展示架上那一部標價六千七百五十元的音響還不錯。」

在喬森把這一部音響的優點詳細向傑克先生說明之後，傑克問到：「這種型號的音響最優惠的價格是多少錢呢？」

喬森立刻回答：「這樣好了，傑兇先生，算您六千五百美元吧！」

傑克立即決定要購買了，並在訂單上簽名付了款。

喬森在感謝傑克先生的惠顧之後，隨即走進倉庫裡去取貨。大約過了五分鐘，喬森又回到櫃檯，並沒有拿來那套音響，臉上帶著歉意。

「傑克先生，真的是非常抱歉，您所要的那種型號已經沒貨了，不過，我們公司設在紐約的零售商店可能還有貨，距離是有點遠，不過真的沒有辦法，您願意到那裡去買嗎？」

傑克也覺得有點遺憾：「可是，我真的沒有時間到那裡去呀！能不能請那邊商店的人送過來呢？」

喬森顯得非常為難：「真是不好意思，今天恐怕沒有人可以送過來了，下週一我們會再進這種音響，到時候我們給您免費送貨，不知您覺得怎麼樣。」

「可是我今天一定要買到啊！因為明天晚上我就要舉辦一個大型晚會，現在就差一部嶄新的音響了，為何您這兒偏偏缺少我所看中的那部音響呢？」傑克似乎有點生氣了。

「請您原諒，當時我並沒有注意到我們店裡已經沒有那種型號的音響了，這都是我的錯，不好意思。」

「您不必自責，這不是您的錯，但是卻讓我感到非常遺憾，其實，我也可以在其他地方買到功能類似的音響，真掃興，請您把訂單取消，把錢退還給我吧！我去附近那家商場買好了。」

在這個案例中，喬森有哪些失誤呢？當傑克要求取消訂單退回貨款時，喬森該怎麼辦？

當傑克問這套音響可不可以優惠時，喬森在不加考慮的情況下就把價格降到了六千五百美元，這種降價給人的印象是：這個商場的訂價是比較雜亂的，而且價格的幅度太大。如果長此以往的話，會給商家以後的品牌建設和形象建設帶來不良的後果。在傑克要求降價時，喬森可先從產品性能與其他產品的優質和服務的角度來說服客戶，讓客戶感到「物超所值」。就算要降價也應該有個理由，而不能「莫名其妙」的降價。傑克要求取消訂單退回貨款，是由於喬森的服務意識不足，要想拿到這筆訂單就要立即採取補救方法去儘量滿足傑克先生的要求，也可以盡力去說服傑克買另外一個款型的音響，這就要看喬森是不是一隻比特狗了——要有永不放棄的精神，從以上這部分看來，喬森要想成為冠軍狗——比特狗還差很遠。

第二篇
銷售狗種

察言觀色的薩摩犬 Samoyed

　　薩摩犬以西伯利亞游牧民族薩摩人而命名，在西伯利亞一直被用來拉雪橇和看守馴鹿。薩摩犬以獨特的忍耐力與健壯的體格而聞名。歐洲探險家就曾使用此犬從事南北極探險工作。此犬毛色很多，一般有黑色、黑白色、黃褐色，其中以白色被毛品種佔優勢。十九世紀末，毛皮商人將此犬輸入美國、歐洲等地販賣以賺取錢財。

　　由於薩摩犬具有一身華麗雪白的外衣及有名的薩摩式微笑，使牠到處引人注目、受人喜歡，優雅活潑的外形使之成為今天最受歡迎的展示犬及伴侶犬之一。

薩摩犬具有沈穩、性格開朗、聰明機靈、獨立心強的性格，對人有親切感，能和任何人做朋友，甚至於入侵者。本品種外形與性格一致，其薩摩式的微笑，可能正代表此犬的實際性格。

這種類型的銷售狗外形好，會始終保持著微笑，無論你怎麼對他，他都不會發脾氣，忍耐力強。同時，薩摩犬的性格沈穩，尤其聰明機靈，對人親切和善。

薩摩犬的獨立性特強，有時會有點敵友不分。

薩摩犬的聰明大概是在狗類當中沒有能與之抗衡的了。不信您瞧，下面這隻薩摩犬的聰明機靈讓老闆都望塵莫及。

一個鄉下小夥子去應聘城裡一家百貨公司的銷售員，這是一家在當地很有名的百貨公司，面試過程當然也是非常嚴格的。

當小夥子站在老闆面前時，老闆上下打量了他一下，問他：「你以前做過銷售工作嗎？」

小夥子點了點頭，回答說：「應該算有吧！我以前是村裡挨家挨戶推銷的小販。」

　　雖然這個小夥子有點土裡土氣的，但老闆很喜歡他的機靈：「你明天可以來上班試一下，等下班的時候，我會來看一下。」

　　由於在農村時沒有時間限制，上班的時間對這個鄉下小夥子來說實在是太長了，他似乎覺得有些難熬，一會兒站起一會兒坐下，但是他還是熬到了下班時間。此時，老闆真的來了，走到他面前問他：「你今天做了幾筆買賣？」

　　「一筆。」年輕人回答說。

　　「只有一筆？」老闆很驚訝地說，似乎還有些失望，「知道嗎？我們這兒的售貨員基本上一天可以完成十到二十筆生意呢！那你賣了多少錢？」

　　「五十萬美元。」年輕人回答道。

　　「你再說一遍，不會吧！你怎麼賣那麼多錢的？」目瞪口呆、半晌才回過神來的老闆問道。

　　「是這樣的，」這個年輕人說，「早晨的時候，一位男士進來買東西，我先賣給他一個小號的魚鉤、一個中號的魚鉤、一個大號的魚鉤。接著，我又賣給他一根小號的

魚線、一根中號的魚線、一根大號的魚線。當我問他上哪兒釣魚時，他回答說去海邊。於是我建議他買艘船，所以我帶他到賣船的專櫃，賣給了他一艘長二十英尺有兩個發動機的縱帆船。這個時候他說他的汽車可能拖不動這麼大的船。於是我帶他去汽車銷售區，賣給他一輛豐田新款豪華型『巡洋艦』。結帳時，他共付款五十萬美元。」

這個老闆再次打量著這個年輕小夥子，難以置信地問道：「一個客戶僅僅來買個釣具，你就能賣給他這麼多的東西？」

「不是的，」這個鄉下小夥子回答道，「他是來為他妻子買巧克力的。我就告訴他『你的週末算是毀了，為什麼不去釣魚呢？』」

您看，一位客戶本來是來買巧克力的，但聰明的銷售員卻能說服他買走一大堆東西，這不僅僅是個技巧問題。別看銷售工作只是動動嘴皮子而已，其中的學問可大著呢！

獲取利益是商家的目的，但是獲利的手段卻各有不同。面對客戶一定要真誠，仔細觀察客戶的眼神和表情，

進而獲得一些初步的資訊,而且接待客戶時要面帶微笑,但不能是那種千篇一律的僵硬表情。如果你覺得有困難,不妨學一下薩摩犬,一個微笑的價值不僅僅在於成功的銷售和滿意的購買,而是反映了新的市場環境下的銷售理念和經營態度。

銷售診所:

喬治是一位汽車銷售公司的銷售員,對著進進出出的客戶,他每天都得滿面堆笑容,不管是發自內心的還是迫不得已的。

早上十點左右,銷售大廳裡沒有一個客人,喬治和幾個同事在門邊相對而立,眼睛瞅著門前的停車場,神情十分輕鬆,他對面的瓊嘴裡還嚼著口香糖。

在大家有說有笑的時候,一個夾著皮包的中年男子匆匆地向銷售大廳走來。同事們立刻停止了說笑,急忙集中精神,瓊也停止了嘴裡的咀嚼,大家微笑著躬身向那位先生問好:「先生,早安!歡迎光臨。」

那位中年男子似乎被嚇了一跳,腳步放慢了許多。喬治不經意打量了一下這個人,看到他的眉頭一皺,顯然他

對這種服務似乎有點不太適應。這是一個表情嚴肅的人，三十歲左右，穿著十分隨意，淺色的T恤有一角已經從腰帶裡露了出來。說實話，從他的打扮實在看不出來他會有什麼身分地位。

他沒有理會喬治和同事們的問候，而是逕自往車位方向走，喬治猶豫了一下，疾步趕上他，指著離他最近的那輛車，微笑著介紹說：「這是普及型的，請問先生，我能幫您什麼忙嗎？」

喬治的微笑是衝著他的眼神去的，但被他躲閃開了，回應的是表情僵硬以及再一次的皺眉，他本來已伸向車的手也遲疑地縮了回來。

有些客戶就是喜歡自己看車，而不喜歡他人在旁邊指點，這個喬治也知道，但他更相信，好的服務同樣能給客戶帶來滿意地購買欲望。喬治正在想如果繼續跟在他旁邊，他會有什麼樣的舉措時，這個人已越過喬治，往銷售大廳深處走去，喬治只好若即若離地跟著。說也奇怪，喬治覺得和他保持一定的距離之後，他反而輕鬆了許多，從車外看到車裡，甚至熟練地拉開前蓋，反覆端詳起了發動機。

「多少錢？」他的嗓門很大。

「五十萬。」喬治報出了這款車的價格。

「五十萬？是不是有點貴了，能不能便宜些？」他說話的時候，仍然低著頭。

「對不起，先生，這是全國的統一銷售價，不過，我們公司爲了促銷，會送給客人一些精美禮物。」喬治平靜地回答他，話語裡帶了幾分溫柔。

他沒有再詢問，只是把汽車前蓋放下來，發出了一聲清脆的響聲。

他繼續往前走仔細看，不再詢問，也沒有再說話。

看完了所有的車，他直起腰，喬治遞過一張紙巾，他接過去，一邊緩慢地擦著手一邊往外走，一直走到門邊負責接待的同事們的時候，同事們又異口同聲地問道：「先生，請慢走。」但他並沒有放慢腳步。

喬治終於有機會歎了一口氣，但也多了一絲遺憾，儘管他已經努力了，但並沒有達到這筆交易。

我們來分析一下，案例中的「喬治」能簽下這筆訂單

嗎？「喬治」在案例開頭已說明了是一家汽車銷售公司的銷售人員，雖然有時是迫不得已的笑，但卻極其尊重這個職業，每天都會笑臉迎客，這是不是和薩摩犬很相似啊！前面說過，笑是一種藝術，不管客戶是不是有購買你產品的可能性，你帶著笑始終會被人認同的。我們來看一下結果。

其實上面的那個故事並沒有結束。下午的時候有戲劇的變化，那個男人又出現了，不同的是，他手裡多了一個黑色的手提袋，他同樣「穿」過銷售人員的問好，逕自走到一台車前，回頭對喬治說：「我要這台，請幫我辦手續。」

他嘴角的肌肉抽搐了一下，終於笑了出來。

體貼入微的巴哥犬 Pug

　　巴哥犬也稱哈巴狗，富有魅力而且高雅，十八世紀末正式命名為「巴哥」，其詞意古語為鬼、獅子鼻或小猴子的意思。有專家認為，巴哥犬產於蘇格蘭低地，傳到亞洲後又由荷蘭商人從遠東地區帶回西方；也有專家認為，此犬是東方犬種，源自北京犬的短毛種，後來和鬥牛犬交配而成，巴哥犬的知名度非常高。

　　巴哥犬是體貼、可愛的小型犬種，容貌皺紋較多，走起路來酷似拳擊手。牠以咕嚕的呼吸聲及像馬一樣抽鼻子的聲音作為溝通的方式，同時，此犬具備愛乾淨的個性，喜歡群居。

這種類型的銷售狗也屬於紳士型的，高雅大方，對客戶關懷入微，很受客戶的喜愛，善於與客戶溝通，人際關係良好。

這種類型的銷售狗似乎有潔癖。

其實有的時候，我們本來不需要什麼東西，但是卻會因爲某種感動而愛屋及烏，我的一位朋友給我講述了他曾爲了一隻巴哥型銷售狗感動的故事。

雖然過了多年，但當他講述他的這段經歷時我依然看得出他很激動，眼睛似乎有點濕潤。

那一年冬天，我的朋友得了嚴重的重感冒，一個人隻身在外，除了買藥、打針、請假養病，別無他法。他請了幾天的假，把成瓶的藥擺在床頭，吃了藥就躲在被窩裡，在這種迷迷糊糊的半睡半醒中過了好幾天，病依然不見起色，還好像有點加重似的。那天，他躺在床上，艱難地喘著氣，迷迷糊糊中聽見有人敲門，他掙扎著從床上爬起來，打開門一看，門外是一位和他年紀差不多的小夥子，但不認識，他滿臉的痛苦。

「您是不是找錯人了？」他強忍著問道。

「您好，我是某某公司的銷售代表，您需要辦公用品嗎？」那位年輕人很有禮貌地問我的朋友。

「對不起，先生，我，實在實在是不需要。」我的朋友幾乎快要支撐不住了，手扶著門框。

「您是不是不舒服啊？您瞧，您額頭出了那麼多的汗，臉色發白，您怎麼不早說呢？」那位年輕人緊張地問，一邊說著一邊扶著我的朋友走到床邊，並為我的朋友倒上水，等我朋友吃完藥後，又陪我朋友聊了一會兒，直到我的這位朋友睡著。

本以為這件事就到此結束了，但第二天，這位年輕人拎著一袋子補品又出現在我朋友的門前，我的這位朋友在驚訝之餘非常感動。此後，這位年輕人和我的這位朋友同成了好朋友，我朋友也成了這位年輕人公司的老客戶。

有時候真的很奇怪，哪怕是一件很小的事、一個舉動或是一句話都會使我們感動，而往往就因為這些感動，會促成你的很多業務。所以，任何時候我們都應該多為別人著想，為別人其實也就是為自己。

銷售診所：

小陳是一家大商場裡的皮衣專櫃的售貨員。

一天，櫃檯前來了一位男客戶，小陳急忙上前去問候，並偷偷仔細打量了他一下，這位客戶長相並不斯文，但卻很有一點時髦的感覺。

他在皮衣專櫃前看了一會兒，指著一件衣服，問小陳：「這件衣服，多少錢啊？」

「二千五百元，先生。」小陳柔聲答道。

「怎麼他媽的這麼貴？」不知這位客戶是在問小陳還是自言自語。

也不知當時怎麼回事，小陳不假思索地隨聲答道：「就他媽的這樣貴！」（話題語調模仿）

其實在小陳說完這句話後，她就感覺不對了，臉一下子變得通紅。心想，要是讓經理知道了，肯定會狠狠教訓自己，對客戶怎麼能這麼沒有禮貌呢？

「就買這件！」客戶說。

當聽到客戶說這句話時小陳當場愣在那裡，不知接下去該做什麼呢！

……

推銷就是溝通，溝通的最高境界就是目標一致、達成交易。像以上小陳的這種方法就叫做模仿，這種方法運用在推銷以及人際關係上，有時還是相當的成功。

溝通有三個要素：語調、話題和身體語言。像巴哥犬那樣的以咕嚕的呼吸聲及像馬一樣抽鼻子的聲音就是溝通的一種方式。那麼如何發揮各個要素的作用，提高溝通效果呢？這就需要模仿，透過對客戶投其所好，製造和諧的氣氛，使溝通模式盡可能與客戶保持一致。也就是說，對方習慣用什麼方式，你就用什麼方式配合。案例中的小陳就是以語調和話題模仿，完成了她的這筆交易。

⑴**語調風格模仿**。語調包括說話的語氣、聲調、聲音大小和語速快慢等。風格模仿要求我們說話時，遣詞用句、說話的氣度、氣派等方面要與對方的情況相配合。語調模仿的作用，在於有意識地創造一種感情融洽的氣氛，以便對方樂意地接受你。如果對方說話慢、聲音低，而你說話快、聲音大，不模仿是怎麼也無法交談的。

⑵**話題模仿**。話題模仿就是談客戶感興趣的話題，尊重客戶的想法與看法。比如說，客戶喜好炒作股票，你跟

他談籃球；他信基督，你談伊斯蘭，他馬上會對你興致缺缺，你就很難再向他推銷產品了。「酒逢知己千杯少，話不投機半句多」，說的就是這個道理。

(3)**身體語言、姿勢模仿。**兩個人融洽交談的時候，他們的姿態和舉止大致是相似的。要麼採取差不多的坐姿或站姿，要麼步調和諧地散步。所以要想談得投機，站姿、走姿、表情和動作、手勢等等，都可以去模仿，以便營造一種和諧融洽的交談氣氛。

充滿活力的拳師犬 Boxer

　　拳師犬屬大型犬之一，精力充沛，斷尾，只餘下一點。第二次世界大戰後，該犬不但在美國、英國有一定影響力，同時在世界各地用於家庭犬及警衛犬，深受人們的喜歡。拳師犬的祖先是獒犬種，中世紀時用其攻擊野牛、獵野豬與鹿。十九世紀時，和其他一些品種交配改良成現在的拳師犬。本犬儘管來自法國，名字卻為英語「box-er」，象徵著作戰時的英雄姿態。

　　拳師犬喜好吵鬧，感情豐富，有強烈的自制力。年老時仍充滿活力，喜歡小孩，十分適合家庭生活。此犬在高興的時候，全身會不斷的搖晃。該犬是有著特殊容貌的品

種之一，爲保持外形和健康的最佳狀態，飼養者應給與充分的運動量。一般來說，拳師犬是值得信賴的犬種，警戒心強烈。

這種類型的銷售狗充滿活力，對工作熱情細心，對客戶重感情，值得信賴，善於流露感情。雖然這種類型的銷售狗喜歡吵鬧，但很懂得節制，所以也不必爲此大傷腦筋。

我的哥哥曾利用業餘時間在一家電腦公司做銷售工作。我一直都覺得挺奇怪的，現在的人都覺得上門推銷的就是次貨，何況大商場比比皆是，尤其是這種貴重家電，誰會買你上門推銷的東西？沒看到很多人都在辦公室門上或家門上寫「謝絕推銷」嗎？何況他那種脾氣，還想做銷售工作，不把客戶氣跑已經算萬幸了，但看他每天樂此不疲，我不禁問他：「人家把你往外趕，給你臉色看，你能受得了嗎？」

誰知，他竟呵呵一笑，「此一時，彼一時，沒發現我的脾氣現在好多了嗎？推銷這個工作，不僅能鍛鍊能力，還能鍛鍊性格呢！我覺得這兩年多來，我的耐力增強了，瞧我控制得多好。」他倒有點沾沾自喜。

看著他那副強壯的體格，卻有一副好脾氣，我眼前立刻閃過了一個影子，「和拳師狗差不多了。」我對他說，他微笑著瞪了我一眼，我知道再也不會有雷霆發生了。

其實如果單從外表上看，你可能會被拳師犬嚇一跳，牠是屬於高大型的，而且一副嚴肅的表情，所以你也許對它並沒有多大好感，但如果你和牠處熟了，你會發現牠們其實也是感情豐富的動物，而這種類型的銷售狗也有這種特點，他們大多感情豐富，並喜於表露，但並不會過火，因為他們的自制能力很好。所以，你可能會很少看到這種狗發脾氣，他們都極富耐心，無論你怎麼對待他，高大的他在你面前低著頭倒好像是一個小孩子，讓你實在不好意思再數落他。

在拳師犬高興的時候，他會搖頭擺尾地表達他的心情，不管他面前站的是他的老闆還是他的客戶。不過，他們是屬於對工作認真負責的，而且有絕對的耐心把工作做好。

銷售診所：

丁先生是某公司的總經理，然而腰裡繫著的還是好幾

年前買的那個老式手機，雖然品質還好，可是畢竟舊得讓
他有點抬不起頭來，於是，他決定到商場裡買個新的。

　　來到商場後，丁先生直奔NOKIA專櫃，服務小姐笑容
滿面地為老丁做各種手機的介紹，並不厭其煩地拿出各種
款式的手機任他挑選。其實他也沒決定到底要買哪種手
機，他覺得每種樣式都不錯，而且手機的淘汰率太快了，
就現在高價買了下來，不到三個月就又拿不出去了，不
過，他倒是不想買國產的，畢竟他是個總經理呀！再怎麼
說在這個圈內還有點名氣，如果拿著一個國產的手機在同
行裡混，那有多丟臉啊！所以，他壓根兒就沒打算到國產
手機的櫃檯逗留。但是，在NOKIA櫃檯看了半天，他也下
不了決心。

　　「我看這樣吧！先生，我帶您看一下那幾款國產手
機，其實國產的手機也挺不錯的，您看怎麼樣？」售貨小
姐笑盈盈地向丁先生推薦。

　　雖然是百般不願意，但他是個不愛說「不」的人，而
且售貨員又是那麼的熱情。不過他想，反正到時候對各種
款式都說不喜歡，難不成她還逼我買不可？

　　來到國產手機的櫃檯前，售貨小姐拿出一款國產A牌

子的手機，遞到丁先生眼前，「您看，這款手機可是新款的，不知您注意到沒有，它的廣告做得可大了，外觀還得了設計大獎呢……」丁先生眼睛盯著這款手機，但他並沒有聽清楚售貨員在講些什麼，只想趕快離開這個櫃檯，再去挑NOKIA的手機。

售貨小姐其實也看出他的心思，但她卻視而不見，仍然微笑著對他說：「您再看，這款手機是彩色螢幕的，很時興的一種，而且是雙屏顯示。」

丁先生根本就不為所動，一心想著怎麼拒絕才不失紳士形象呢？

售貨小姐的聲音變得更加甜美了，繼續對丁先生採取攻勢：「這款手機還有照像功能，您可以在任何時候為自己或他人拍照。」

丁先生似乎找到了拒絕的理由，剛想張口說話，卻聽這位小姐接著說：「其實這款手機一直是我夢想的那一款……唉！只可惜……」

丁先生下意識地向這位售貨小姐看了一眼，其實他並沒有被打動的意思。不過在售貨小姐看來，以為出現了一

線希望。於是她接著說：「其實我早就想買了，但以我們的薪資，哪買得起呀！這種手機可是專門為你們這種有錢人設計的。」（感情的自然流露）說著，這位售貨小姐不禁有些傷感。

說也奇怪，本來丁先生並不打算買的，但聽到這位小姐這麼一說，二話不說，立即買下了這款手機。

據調查，一個打算購買手機的人平均要進五次手機店才會掏錢買下自己已經中意的手機，在最終進入手機店打算買下手機時，他們多是已經有了目標，可是，當他們走出手機店的時候，拿在手裡的手機通常不是他們打算買的那個品牌。就比如上一案例中的丁先生吧！本來他是想買NOKIA的手機，但是他卻買了一款國產A牌的手機。到底是什麼影響了丁先生的購買決策呢？

從上例中我們可以看到，丁先生買下A牌並不是價格打動了他，也不是手機的功能，更不是廠商所做的廣告，那是什麼呢？是售貨小姐自然流露的與客戶面對面的情感互動，也可以這麼說，是產品與用戶的定位改變了丁先生的購買決策。

以上我們向您介紹了十三種銷售狗，哇！這麼多呀！

那麼，您屬於哪一個品種呢？或者您與哪一個品種的銷售狗比較相近呢？您從其他兄弟那裡學到了什麼本事嗎？

　　其實，每一種銷售狗都要學會把自己的強項與其他兄弟銷售狗的強項綜合起來看待，這就是為什麼銷售狗團隊在當今的市場上最具價值的所在。同樣的，你也許並不屬於以上的任何一種銷售狗，因為你可能屬於那種雜種狗，比如吉娃娃薩摩狗、巴哥北京狗等，但不管你是屬於哪一種銷售狗，在這個銷售團隊中，只要你發揮你的強項，並讓每一隻銷售狗都充分發揮自己的才能，那麼這個銷售團隊工作起來就能穩定、有效和自然。

第三篇
銷售狗訓練營

　　銷售技巧是一種技能，只有在實踐銷售過程中不斷演練，你才能夠熟練掌握。想要成為一隻成功的超級銷售狗，除了掌握並熟練運用這些專業銷售技巧外，還要不斷學習各種相關的知識以充實自己，提高自身的素質。

有的銷售狗能推銷出大量的產品，有的則不能，這不僅取決於你是哪種銷售狗，還取決於你所運用的技巧是否恰到好處。有的人能夠吸收對自己而言比較生疏的行為技巧，透過學習他就會成為一隻超級銷售狗，而有的人只沿襲自己的銷售風格，不肯放棄固有的思維方式，這種人最後只能被這個行業所拋棄。你想做哪一種呢？

對一般的銷售狗來說，他們先賣的是價格，然後是服務和商品，最後賣的才是他們自己和他的公司；而出色的銷售狗先賣的是他們自己和他的公司，其次才是服務和商品，最後賣的才是價格。

如果有人問你：「當今世界上，誰是最傑出的商界領袖？」你會馬上想起誰呢？如果再有人問你：「當今世界上，哪家企業算得上是最頂尖的？」你又會想到哪家公司呢？

如果讓我回答這兩個問題，第二個問題會使我馬上想到GE公司（通用電器公司），而第一個問題則會讓我自然而然地想到剛卸任的GE總裁兼首席執行官的傑克‧威爾許。

有人稱威爾許是「世界經理人的經理」，而我則認為，韋爾奇是當今世界上最具天才能力的銷售狗。他最偉大之處就是推銷他的思想和價值觀給他的手下，與此同時，他最巧妙之處就是將自己也成功地推銷給了世界，使自己成為了世界經理人的崇拜偶像。其實，那些傑出的商界領袖雖然做的都是一些領導工作，但實際上他們和普通的銷售狗一樣，只不過他們因自己的努力而獲得了成功而已。

如果你也想在這個行業中有所作為，請不要謝絕推銷！

在這部分中，我們將學到一系列的銷售技巧，對於你來說，不一定要全盤吸收，你要有重點的對這些策略技巧進行合理的消化，再加以創新：這一套方法適合他，但並不一定適合你。你要在學習本書的基礎上，為自己量身定做一套符合自己的銷售技巧。

第一章　一隻銷售狗的基本素養

　　銷售技巧是一種技能，只有在實踐銷售過程中不斷演練，你才能夠熟練掌握。想要成為一隻成功的超級銷售狗，除了掌握並熟練運用這些專業銷售技巧外，還要不斷學習各種相關的知識以充實自己，提高自身的素質。銷售不僅僅是向客戶推銷你的產品，最主要的是向客戶推銷你自己，惟有客戶認可並接受你的個人素質，客戶才有可能購買你的產品。

　　世界上很多大公司的老闆都是從銷售做起的，前面我們就說了通用電器公司的總裁威爾許就是一個銷售高手。

　　A、B兩人分別遇到搶匪甲、乙，A、B兩人都沒受傷。搶匪甲搶走了A的皮夾及所有現金共一百美元。搶匪乙則搶走了B的皮夾及現金八十美元，還有B的手錶及一個紀念戒指，這兩樣東西其實並不值錢。

　　照理說，這個故事就到此為止了。但是，兩天後，被

搶的男子B走出公寓準備上班時，忽然有人叫住他。原來是搶匪乙，乙竟表現出一副自在的樣子。

搶匪乙是來做生意的，他向B詢問是不是想取回手錶及紀念戒指，雖然這兩樣東西對別人沒有多大意義，但它對B卻有特別的紀念意義，於是B答應了這筆交易。搶匪乙要求以三百 美元交換這兩樣東西，但B身上當時只有一百美元。搶匪乙接受了這一百美元，但並沒有馬上就把手錶和戒指還給B，只是給B一紙當舖的收據。後來，B去了這家當舖，並且付了七十美元贖回了他的手錶和戒指。

現在故事結束了，我們來算一算搶匪甲和乙各賺了多少。搶匪甲賺了他搶到的一百美元現金。而搶匪乙使用簡單地增加收入策略，發掘被隱藏的資產、機會及可能性，在搶劫當天先賺了八十美元，將戒指和手錶賣給當舖，賺了五十美元，然後再將當舖的收據賣給B，再得到一百美元，所以乙總共的收入是二百三十美元。

雖然這個故事有點特別，但是透過這個故事我們不得不承認：掌握一定的銷售技巧是非常重要的。前面我們已經講了很多，這裡我們再介紹一些。

一、信念頑強

　　狗是一種非常簡單的動物，腦子比人腦小很多。通常牠們會對周圍發生的一切做出積極的反應，因爲牠們不會去評斷分析。而人腦有一種神奇的天賦，它能夠把毫無關聯的事情硬是聯繫到一起，甚至構造出一些荒誕、出神入化的信念或各種離奇的想法。

　　你的決策是否正確，決定了你的銷售成績是否突出，如果你的決策是建立在一種錯誤的信念之上，那麼你所做出的決定也不會正確到哪裡去，往往與你想要的結果出現較大的偏差。如果你在決策階段的信念正確，那麼你的銷售過程就會事半功倍。所以，如果你的主管派你完成一項艱巨的任務，或是你不得不面對一件可怕的事情，那麼你要就事論事，而不是抱怨你的主管或怨天尤人，你只需把事情簡單化，把它當成是一根骨頭，你只需像狗一樣把它撿回來即可。

　　如果我們眞的能像狗一樣思維，那麼我們就很可能在事業中取得成功。如果你有了像狗一樣的思維準則，你也能變得像狗一樣神通。

以下是你每天都會遇到的四種關鍵局面，我們逐一地進行分析。

1、面對自己以及所在團隊的其他成員時

當一隻狗去追趕一隻小鳥或一根骨頭時，牠的全部意志就是抓住它，當牠耷拉著舌頭，流著口水來到你面前時，牠的全部意志就是能得到你的寵愛，這些就是牠們全部的意志，牠們不會想到這樣做的原因和結果，畢竟牠們沒有人聰明，但聰明的人在這一點往往沒有狗具有如此大的魅力。如果你是一隻銷售狗，你要是認為你自己的推銷能力差，並會使你的客戶討厭你，那麼你可能真的會變成這樣，而你要是認為你的魅力會讓所有的客戶傾倒，那麼你則會比你想像中發揮得還要好，這就是意志的力量。意志的力量往往超乎你的想像。

據調查，每個人做事都會和這個人在做事之前所想的結果差不多，這一點我深有感受。

在以前，我是個很沒有自信的人，每做一件事情時我都會想：萬一我做不好，到時候會有多丟人啊！也會給別人帶來多大的不便啊！每次我帶著這種心理做事，結果都

會把事情做得不太理想，或者有時還會把事情搞砸。因為
在做事前，我根本就沒有想到過自己能把它做好。後來，
我對自己的能力開始有了信心，我也相信我的客戶對我也
開始有了信心，結果我的業務也不斷地上升。也就是說，
你的思維意識將預先決定你的行為結果。

2、面對挑戰或逆境時

　　大多數表現突出的狗都接受過訓練，因此牠們都能夠
接受非常具有挑戰性的任務，牠們並不會記住以往曾經的
失敗，除非這些經歷曾給牠們帶來懲罰或痛苦。而人在面
對挑戰或逆境時總會感到畏懼，有時還會感到非常焦慮，
不堪重負。

　　如果你在遇到挑戰時，能就事論事，而不要產生壓力
感，把它看得太重。即使你從未在同樣的情況下取得成
功，你也可以從以往的經歷中找出相似之處，這樣你就可
以從過去的經歷中獲得信心和力量，幫助自己度過難關。
如果在這個時候，你不是積極去尋找解決問題的方法，而
是產生情緒很大的波動，這樣只會導致你思維遲純，結果
還可能讓你才思枯竭，使你迎接挑戰的壓力加大。

3.對不愉快的經歷做出反應時

逆境是生活中必不可少的一部分，我們要學會抑制逆境中產生的負面心理評價。

不管哪一種狗，在牠們碰壁之後，牠們依然保持著旺盛的精力，直到牠們得到了自己想要的結果，牠們不會因為沒有完成主人交付的任務而自暴自棄。

「一朝被蛇咬，十年怕井繩。」本來就是一個錯誤的論點。

遇到不愉快的境況時，你要學會把事件客觀化，把問題的根據歸於你完全無法控制的客觀環境，把責任從自己的身上推掉，讓自己的內心保持清淨，而不要因為一時的不順而失去信心。並告訴自己遭到拒絕只是一次單一的具體情況，不要讓你的腦子認為這次拒絕會產生任何長遠的影響，或存在更大範圍內的重要性。只要你擁有了對待生活的必勝心態，你的生活和事業就能變得相當精彩。

身為銷售狗的你，需要掌握一些獲勝的公式。

公式一：成功＝知識＋人脈
公式二：成功＝良好的態度＋良好的執行力

4.對一次成功的努力做出回應

身爲一隻銷售狗,當成功者是你本人時,你至少要拍一下自己的腦袋,或是在月光下大吼一聲,以示對自己的嘉獎;如果成功者是你的同伴,你必須爲你的同伴喝彩,或採用一些肢體語言爲他們慶祝。你要讓自己的內心對話朝著正確的方向發展,你對自己說的話是否正確完全無關緊要,你的身體或意識都不會因此而受到影響,對自己或同伴說出積極的話來,這樣才能讓積極的資訊滲透到你的全身各處,讓自己沈浸到這個勝利當中。

與面對挑戰或逆境時正好相反,你要學會把每一次成功主觀化,要告訴自己,這一次成功都是因爲你的努力,都是你爭取來的,這樣的話,你的精力會空前旺盛,爲下一次的勝利打下基礎。

二、逆向思維

逆向思維是順向思維的反向思考,是求異思維的重要形式。它的最大特點是:要從思維的順向性、常規性出發,對事物的某種現象、某種結論進行反向分析,從而得出某種獨到新穎的看法,這種思維方式也被叫做逆向求

異。逆向思維雖然與順向思維相對立，但它並不排除順向思維正確的可能性，因為它們不處於同一思維軌跡上。

我們來看下面這個例子。

大多數老師都曾給他的學生出過這麼一道趣味數學題：樹上有三隻鳥，打下一隻還有幾隻？答案是「０」。這道題如果從順向思維來理解，「３－１」，其答案當然是「２」。然而為什麼是「０」呢？它是從常用思維的逆向來反思的：樹上三隻鳥打下一隻，其他兩隻也一定驚飛而去了。因此，在這裡「３－１」是等於「０」的，這個例子就是逆向思維的表現。

同樣的，在銷售工作中，逆向思維同樣可以發揮作用，這時我們就不是求他購買了，而是讓他主動購買。在找準客戶的主管和對他的稱呼方面，你同樣可以運用逆向思維，為自己找到捷徑。比如，許多人認為總經理，叫著姓帶著稱謂比較禮貌，而如果你一反常規，直呼其名，也許會得到意想不到的效果。業務往往就這樣在輕鬆愉快的氛圍中進行。你不會覺得是在工作，你會由衷地感到快樂和充實。人們總是喜歡豎著切蘋果，那你今天就學著攔腰橫切，你是不是有新的發現呢？在你的銷售工作中，試一

試逆向思維給你的新發現、新收穫吧！

有一次，威廉去一家商場推銷空調。進了經理的辦公室，對方只埋首於自己的工作，連頭都不抬，問道：「哪個公司的，推銷些什麼呢?」

照理說，人家這樣問你，你應該先自我介紹了，或趕緊把名片遞給對方，但威廉並沒有這樣做，而是不慌不忙地說明來意：「經理先生，我是來幫你的。」

「幫我?!」對方似乎被這種方式吸引住了，停下了手中的工作。

「是呀！」威廉答道。

「幫我什麼忙呢！」對方饒有興趣地問道。

「天氣快要轉熱了，要是今年您裝上空調的話，工作起來，可就舒服多了。」威廉解釋道。

「是啊！」對方不住地點著頭。

威廉沒有再說話，而是留給了對方一段思考的時間。

「我今年也有這個打算。」經過一段時間的思考後，

對方終於說。

「我可以幫您這個忙。」威廉說。

「你是哪家空調廠的？」對方又問。

這時，威廉才把公司和產品簡單地向這位經理介紹了一下。

其實，整個推銷過程，即是幫助他人選擇的過程。既然是為他人選擇，那麼我們就理應得到對方的尊重和喜歡。這筆交易就這麼做成了，簡單吧！

三、發表有說服力的演講

如果你想成為超級銷售狗，那麼你一定要掌握這項銷售技巧。

在眾人面前滿懷自信地談笑風生，不僅能夠幫助你樹立自信心，而且還能使你成為一名公認的權威人士、專家，所以人人都愛與你溝通，因為你能為他們解決他們需要解決的問題。但是，大多數的銷售人員在演講時卻掌握不住技巧，不是誇張得講個沒完沒了，就是不知該講些什

麼。只有掌握了演講的技巧，你才能抓住客戶的心，才能讓你所接觸的百分之百的客戶有興趣和你進一步溝通，願意從你這裡得到你所推銷的產品或服務。

銷售是一門藝術，你要透過提出正確的問題來激發人們的興趣，引導他們去探討，與他們建立和諧的關係，並真誠地表示你對潛在客戶非常在意。而要達到這個目的，必須對你的行業表現得非常內行，再加上採用特殊的藝術手法，對你的客戶加以灌輸，並不時地停下來讓你的客戶進行思考，讓他們弄清楚資料的來龍去脈，你還要向你的客戶解釋這些資料能夠給他們帶來什麼好處。

發表一場有影響力的演講，就是要讓你的客戶透過積極的或間接的方式參與其中，如果實現了這個目標，你就進入了一種良性狀態，也就是你的演講達到了效果，這個時候你就可以和你的客戶進行討論、建立關係並激發他們的興趣，在適當的時候對你的客戶進行認可，並可請他們講講他們的經歷，透過一切可能提高銷售量的方法進行銷售。如果只是你一味的說，而沒有這種雙向的互動，那麼即使你的陳述再動聽，也不會引起客戶的興趣。

其實，演講就好像是在拉贊助，一次有技巧、精心發

表的演講或陳述，說不定可以把你的口袋裡塞滿你一直夢寐以求的鈔票。

在你演講過程中，你一定要無時無刻注意客戶對你的演講是否存在疑問或任何負面的情緒，對這些疑問或負面的情緒，你要馬上提出問題所在，而不要加以粉飾，如果你企圖遮遮掩掩，結果往往會適得其反。在演講過程中，你還要試著揣摩對方的意圖和想要提出的問題，然後在心裡準備好這些問題的答案，如果你的客戶能提出他們想要問的問題還好，如果他們沒有提出來，那麼你就要引導他們提出，或是懇請對方提出，否則你就不能從你的客戶那裡獲得任何資訊。

在你演講結束以後，你的客戶最關心的問題就是：你的這些產品或服務能為他們帶來什麼利益，然後他們才能做出購買決定。所以你在講解你的產品的特點和性能時一定要針對客戶的需求進行，即使你的產品再好，而你的客戶不需要，那麼他也不會購買。

四、即時行動

如果你經常注意人才流向的話，你會發現，在各大報

紙上，招募銷售人員的比例幾乎占了市場分額的80%左右，也就是說，在每個公司，如果有一百名員工的話，那麼其中就有八十人是銷售人員，市場競爭的激烈程度你可以想像，尤其是在同一行業中，所以，如果你正處於這個行業，你認準了某個客戶，哪怕他只有百分之一的購買欲望，你也要立即行動，否則本應屬於你的鈔票就會落入他人的口袋；如果你發現你的客戶對你的產品或服務存在某種疑問，那麼你應立即找到解決問題的方案，否則由於你的失誤將喪失這次訂單的機會。

在某雜誌上，曾經有這麼一個笑話，我們來看一下。

一男子匆匆進入一公共廁所，顯然是非常急，脫下褲子解決問題，終於鬆了一口氣。誰知，大便後一摸口袋，不禁臉色一變，糟了，沒帶紙，他不由得左顧右盼，發現前面左側有一張被人用過的紙，大大的，雖然被人用過，但還有一定的利用價值，尤其是對於處於這個時候的他來說。他剛要去撿那張紙時，突然外面傳來了一陣匆匆的腳步聲，於是，他趕緊把手縮了回去。抬頭望去，另一個男子走入了旁邊的蹲位，真巧，那個人大便後，一摸口袋，糟了，也沒帶紙。那個人也不由得左顧右盼，同樣看到了

前面那張被人用過的紙，和前面的那個人有同感，他覺得
這張紙在這個時候也有利用價值，於是也伸出手去撿，忽
然他聽見旁邊蹲位傳來了一聲咳嗽，趕緊把手縮了回來。
兩個人似乎都覺得有失面子，就這樣耗了很久，兩人才同
時醒悟，原來對方也沒帶紙。於是，兩隻手都朝那張紙伸
去，這時又傳來了一聲咳嗽，一個老人走了進來，背著一
個大紙簍。只見他拿出鐵籤子一夾，就把那張紙夾入了紙
簍裡，轉身就走。

　　這個故事雖然有些好笑，但意義卻是耐人尋味的，如
果不樹立馬上行動的心態，連手紙你都得不到！這一點，
在銷售中尤其重要。

　　當然，銷售技巧是說不完的，這裡只做了簡單介紹，
在前後各章節中我們也都有所涉及，但是重要的技巧還是
需要你平時在銷售工作中的積累，並把這些技巧與工作緊
密聯繫起來，而不要只是紙上談兵，否則即使你掌握了太
多的技巧，對你所嚮往的鈔票也不會發揮作用。

第二章　銷售狗的標準操

　　在這一章，我們向大家簡要的介紹一下銷售狗的一套標準體操，當然，這一順序並不是每一隻銷售狗的必經之步，也許你銷售的經驗見長，其中的某步對你來說根本就沒有必要。所以，這裡介紹的這個六步銷售模式只不過是一般的銷售步驟。

第一步：開場白

　　先來舉個例子：

　　「張先生，我是某某公司的銷售代表小李，我們曾經使一家和你們情況類似的公司將他們的產品購買成本降低了20%，我相信我們也可以為你們做到這一點——為徹底瞭解你們的情況，我想請問你們幾個問題……」

　　在上述這一段話中，這位推銷員的開場白所包含的就已經相當全面了。

第二步：寒暄

當你與客戶見面時，必要的寒暄是不可少的，你可別小看了這步啊！如果你在這個環節沒有發揮好，那你在以下的各環節中將會順而不利的，這就好比寫作文，如果開頭部分沒有引好，那麼正文部分就得花費很大的力氣了。

你要使你的形象和微笑有利於創造一種友好的氣氛，在這種氣氛中使寒暄友好而簡短。

在你進行推銷的時候，會發現自己正面臨著以下三種可能出現的購買氛圍中的一種。所以你要密切注意觀察你的客戶，買與不買的感覺通常是很明顯的。

積極的購買氛圍：在客戶處於積極的購買氛圍中時，你不必要做任何促銷遊說就可以拿到這筆訂單。

中性的購買氛圍：面對這種客戶時，你需要引導客戶去發現他的需求。如果你的方法運用得當，又有著足夠的產品知識對你的遊說加以佐證，那麼客戶就極有可能會購買你的產品，如果你的引導不當，或你根本就沒有對其加以引導，那麼這一客戶極有可能向消極的購買方向轉變。

消極的購買氛圍：處於這種氛圍中的客戶對你的產品根本就不感興趣，沒有購買欲望，有時還可能說出極其消

極的話。這個時候的你就需要在極短的時間內把客戶引領到積極的購買區域或中性區域，否則你根本沒有機會拿下這種客戶的訂單。

對那些經驗豐富的銷售狗來說，他們認為包括寒暄過程你一般只有二十五秒鐘的時間去贏得客戶的興趣。在短短的時間內要對客戶的購買態度加以改變，這就要看你在寒暄時的技巧了。

第三步：誘發客戶興趣

為引起客戶的興趣，許多的銷售狗們都使用了一種類似於報紙為吸引讀者閱讀而採用標題的技巧，使你去買他的報紙或閱讀那篇文章。這相同的技巧在銷售中已被證明是極其有效的。

對於銷售產品來說，採用這種標題式來誘發客戶的興趣就是問一個概括性的問題或是一句說明。

比如你可以問你的客戶：「不知您注意到沒有，在我們這個行業中引進了一項新的令人振奮的服務？貴公司是否會對一種擴大生產力的技藝感興趣呢？」

在我們做產品介紹的時候，在此時一般還尚未瞭解客

戶的需求所在，所以在這一部分你如果說得太詳細的話將是極具風險的。你至少準備三個你自己用來覺得舒服的題目，在準備這些題目的時候可以籠統而不必具體，最好不要涉及你本人、你的公司和你的產品；在介紹情況的時候，不要說任何你自己無法自圓其說的話，而要據實以告。

當聽到這些標題性的題目後，你的潛在客戶應該會有足夠的興趣聽你的詳細介紹。但這個時候你並沒有發現你潛在客戶的需求，所以你還需要進一步的攻勢。如你可以問你的潛在客戶：「我能問您一些問題嗎？這些問題對你會很有益處的。」

就算這一客戶真的不需要這種產品，但對於上述要求他也很少會予以拒絕的，而且這一關鍵性提問還可減少由於緊張而製造的氣氛，延緩你做詳細介紹的時間，直到你收集到足夠的資料。

第四步：探求客戶需求

在上一步中，我們提過，你適當地問客戶一些問題，會對你發現客戶的需求有一定的幫助，如果我們要在這一

方面取得成功，那麼我們就要使我們的客戶直接並不斷地參與這一過程。如果你的潛在客戶不說話或是不採取某種行動，那你是無論如何也不會發現他們的購買需求的。

在這一過程中，你要對你的潛在客戶進行有效的提問並仔細地傾聽。當然，你對客戶提出的問題都應該是開放式的，如果提的問題多屬封閉式的，那麼你是不能從問題中得到有效資訊的。開放式的問題是指需提供有關資訊的問題；封閉式的問題是指只需用「是」或「不是」來回答的問題。

我們提問的目的是為了使客戶情緒放鬆並徵求他們的意見和態度，以使你能收集到有價值的資訊，並做好推銷你的產品的準備。

開始提到的幾個問題都是有關的事實，一般也會很容易回答，這時候客戶不會產生緊張情緒。在我們與客戶的交談過程中，開場寒暄和會面結束時才是最易引起雙方緊張的時候。一般來說，緊張的程度對於你訪問的成功與否發揮著很大的作用。如果緊張程度低，你的客戶可能會去尋找解決問題的方法，而當緊張程度高時，你的客戶則會試圖去擺脫造成他（她）緊張的根源，他會不再配合你，

這就意味著他的訂單你是無緣爭取到了。用以瞭解事實為目的的題目開場，可以幫助降低緊張程度。

進一步提問的內容可包括客戶對未來的計畫，如果客戶允許，我們可以瞭解客戶有關過去的具體事實，也可以問及客戶對未來眾多可能性的看法或感覺。

瞭解客戶目前正在使用的某一種同類產品對於銷售狗來說是一件充滿風險的事。話不投機會讓客戶覺得你是在批評他們以前所做的購買決定，無意中你也會使這種競爭加劇。在這種情況下，你的客戶的緊張情緒就會加劇，以致於他們不想與你繼續討論下去。這就需要一種既能獲得這些重要資訊，又能減少引起客戶不滿的方法。

一開始你可以向你的客戶提問：「對於你目前使用的產品，你最喜歡它的什麼方面？」當客戶對他們以前所使用的產品的好處進行描述時，你一定要仔細聆聽，在接下來的產品介紹中，你就可以在這些方面多提供些好處給客戶，最好是優於客戶以前使用的產品。

之後，你可以接著問：「那您對它們的什麼性能還不滿意呢？」透過這個問題你會瞭解客戶對所使用產品的不

滿之處，在之後陳述你所推銷產品性能的時候你就可以避免這些方面的不足，而且你也沒有逼使他們去承認在上次購買中犯的錯誤。

總而言之，你要想發掘客戶的需要，最重要的方法就是仔細觀察、適當提問、悉心傾聽。

在和客戶談話過程中，保持對局勢的控制並不意味著得由你來講話，事實上，客戶的參與程度越高，我們就越可能瞭解和針對他們的需要行事，我們越能針對他們的需要行事，就越能在雙方間建立起信用和信任的感情，雙方間這種感情越深，我們就越能控制局勢，就越有可能在這次推銷中實現我們的目標。

第五步：介紹產品特點

在前幾步當中，我們已經瞭解了客戶在哪些方面還存在一些需要解決的問題，同時我們也瞭解了在哪些方面客戶的需求已經得到了滿足。透過瞭解客戶對哪些方面的不滿，我們在這一環節找到解決這一問題的方法；透過瞭解客戶的哪些需求已經得到了滿足，我們可以讓客戶瞭解使用我們的產品有哪些比他之前使用的產品更優越的地方。

　　超級銷售狗只有當他們與客戶一致確認了需求的性質以及這些需求相對於客戶的重要性後才會提出解決問題或滿足這些需求的方法。也就是說，超級銷售狗最關心的是客戶的需求而非本公司的產品或服務。也可以這樣說，客戶並不是購買我們的產品或服務的，而是向那些他們認為能夠滿足他們需求的人購買解決問題的方法。我們並不是僅僅出售我們的產品或服務，我們出售的是由我們的產品或服務所帶來的利益，並且這些利益能滿足客戶的需求，否則的話，客戶無需購買我們的產品，而我們也無需推銷我們的產品了。

　　在進行產品介紹時我們要盡可能清楚、簡潔地表達我們所要表達的思想，盡可能避免使用一些行業術語以及一連串的由首字母構成的縮略詞。這些術語和縮略詞往往只有我們這個行業的人才能懂，客戶並不像我們一樣熟悉那些行業的術語，而且即使他們聽不懂我們在說些什麼，他們通常也不會說出來，如果他們不瞭解這些產品的性能，他們就不會產生購買欲望，如果你已使用了這些術語和縮略詞，你需要對它們進行適當的解釋。

　　如果只是單單地介紹你的產品如何如何地好，是很難

有說服力的，如果運用視覺手段則會有助於我們清楚明瞭地展示我們的產品和服務，有助於我們的客戶具體地瞭解他所能得到的好處。在和客戶見面之前，你可以把準備的材料按照次序放在一個文件夾中，在你需要的時候你就可以很快地找到你所拜訪的客戶所需的資料。可不要小看了這些樣品和試用的方式，它們對幫助客戶瞭解他們的需求是否能被滿足是很有好處的。

你可要記住了，在試用和徵求定單之間不要浪費太多的時間，拖延的時間越長，得不到訂單的可能性就會越大。

如果你還是覺得你的說服力不夠強，那麼你可以引用第三者的例子。第三者的例子就是指向客戶介紹那些已經成功地使用我們的產品或服務來滿足他們需求的客戶的例子，這些例子除了能使我們所做的介紹更加生動外，還能幫助我們的客戶具體地瞭解我們的產品或服務所能給他們帶來的好處。

此外，超級銷售狗可以使用的另一個極為重要的工具是向客戶對他所銷售的產品或服務的特徵、功能、用途等進行介紹。

特徵即介紹的「是什麼」，針對的是客戶需要的是什麼產品。功能介紹的是該產品能做什麼。用途介紹的是它可以滿足客戶的什麼需求。大多數的銷售狗對產品的功能和用途很難進行區分，結果往往介紹了半天，到頭來讓客戶感到的依然是只注重介紹產品或服務能做什麼，而忽視了介紹這些產品能滿足客戶的什麼需求或解決客戶的什麼問題。

我們在把產品的各要點介紹完之後，還必須花些時間去確認客戶是否贊同我們的介紹。這就需要再去收集客戶對這種產品的反饋資訊，這些反饋資訊會告訴我們該客戶是否會「購買我們解決問題的方案」，是否對我們的產品或服務能夠解決他的問題或滿足他的需要抱有信心。如果沒有這種反饋，我們就不會發現客戶最關心的是什麼，而我們也就不會針對這種問題來找到最為合適的解決方案。

在這個時候我們如果再用開放式的提問來詢問客戶，就會讓客戶覺得反感，我們可採用以下這些封閉式的問題對客戶提問：「其品質的優劣是很重要的，是嗎？」、「對你來說節省時間是很重要的，對嗎？」這些問題只需要客戶回答「是」還是「不是」。

　　客戶已經在思想上接受了我們的產品和服務是我們徵求訂單的最佳時機。如果我們能將我們的產品和服務正確定位成客戶需求的滿足物，客戶就能夠預見到他們的需求會得到滿足，並會向我們發出相對的購買信號。購買信號就是客戶用身體與聲音表現滿意的形式。也就是說客戶所說和所做的一切都在告訴你他們已做出了願意購買的決定。大多數情況下，購買信號的出現是較爲突然的，有的時候，客戶甚至可能會用某種購買信號打斷你的講話，因此你要無時無刻注意客戶的舉動。

　　客戶如果產生了購買欲望可能會對你說：「聽起來倒挺有趣的……」、「你們的售貨條件是什麼？」、「它可不可以被用來……？」、「多少錢？」雖然客戶說的可能是那種模稜兩可的話，但表示他們已經認同了你的產品。有時客戶還可能用身體語言來表達這種需求，比如說，當你與客戶正處於緊張的談話狀態時，他突然變得輕鬆下來，或轉問旁邊的人說：「你看怎麼樣？」如果他們曾把手交叉到胸前，而這時他把手放了下來，那也表示客戶可能產生了購買欲望。有時他還會表現得非常認眞，伸手觸摸產品或拿起產品說明書。以上這些方式都有可能是客戶在向你傳達購買信號，這個時候你就可以徵求訂單了。

銷售狗本身的太過健談有時也許是獲得訂單的最大絆腳石，你在大放厥辭的時候往往會忽視客戶的購買信號。忽視了客戶的購買信號，你就會失去一筆訂單的機會。

第六步：取得訂單

既然你已與客戶的意見達成一致，那麼你就需要讓客戶簽下這筆訂單了。別覺得前面的路還很順，就忽略了這個環節，雖然客戶已經認同了你的產品，並有購買的欲望，但如果你在這一環節的行為不當，這隻煮熟的鴨子說不定還會飛的。以下是一些超級銷售狗經常使用的並行之有效的方法，你不妨一試：

1、選擇法

選擇法即指採用一些提問給客戶選擇的餘地，無論哪一種回答都表明客戶已同意購買你的產品或服務。如：「您看是星期五還是下星期一交貨好呢？」、「您是付現金還是開票？」、「您首批貨是要二萬套還是五萬套呢？」「您覺得紅色的適合您還是黃色的適合您呢？」

2、敦促法

即以適當的語言來使客戶能迅速的購買你的產品，如

你可以說：「傑克先生，該產品在本地的需求量非常大，如果您不馬上訂貨的話，恐怕過些日子就會沒貨了。」

3、緩解法

緩解法就是從較小的問題著手請你的客戶做出一個較小的決定，而不是一下子要求他做出什麼重要的決定，你可以試著問他們：「您準備訂貨了嗎？」、「您覺得哪天發貨比較方便？」、「首批貨您覺得發多少最合適？」、「您希望把這些貨放在哪裡比較合適？」

4、總結法

總結法就是把客戶將得到的服務進行一下概括，然後以提問一個較小的問題或選擇題來結束會談。比如你可以說：「威爾遜先生，既然我們都同意採用大包裝，那您看是先發二十箱還是五十箱好呢？」

5、徵求意見法

有些時候由於你忽略了客戶表達的購買信號，你並不能肯定是否該向客戶徵求訂單了，在這些情況下，最好能夠使用徵求意見法，說不定還能彌補你在上個環節所造成的損失，這時你可以問：「約翰先生，您認為我們的服務

能幫助您解決送貨的困難嗎？」、「在您看來我們的產品或服務能對貴公司帶來好處嗎？」、「我想我回去以後就能解決這一問題，如果那樣的話，您認為我們的產品是否會令您滿意呢？」

如果在上述問題中，你能得到一個肯定的答覆，那麼你就可填寫訂單了。

6、懸念法

如果客戶在是否購買方面猶豫不決，你可以透過製造懸念來促使對方做出決定，如你可以對客戶說：「歐陽先生，由於這種貨比較緊俏，價格隨時都會上漲，如果你現在訂貨的話，我將保證這批貨仍按目前的價格收費。」

7、直接法

直接法就是用一句簡單的陳述或提問直接徵求訂單。比如，你可以對客戶說：「山姆先生，那我們就簽訂單吧！」、「朱經理，那我就把貨物的規格寫下了。」

第三章　第一聲叫得汪汪響

　　身爲一隻銷售狗，在你向客戶推銷產品之前，一定要讓客戶認可你，如果你給客戶的第一印象一塌糊塗，比如你的客戶認爲你是一隻衰狗，那麼他對你的產品也不會感興趣，所以和客戶見面時所應掌握的技巧就至關重要了。

　　與客戶見面前，要做到知己知彼。這就要求你在向客戶推銷你的產品之前，首先要對即將見面的客戶進行初步調查，以對其有一定的瞭解，這一點吉娃娃是最爲熱中的。

　　如果你自覺是一隻不善言談的銷售狗，那麼你可以將見面的目的寫出來，把即將要談到的內容寫出來，之後再考慮怎樣表達，並進行語言方面的組織。

　　著裝整潔、衛生、得體、有精神。雖然我們提倡不以貌取人，但如果說到第一印象，人們還是習慣以穿著打扮爲先。於是我們不得不注意自己的形象，我們不要求每個人都穿西服，但穿著一定要乾淨、得體。在這一點，北京

狗可謂是眾銷售狗的榜樣。客戶真實地瞭解產品是從推銷員開始的，所以推銷員的一舉一動在客戶眼中就是產品的反映。他會想：「有這種推銷員的公司怎麼能生產出好產品呢？我怎麼能放心購買這個公司的產品呢？」

當你與客戶見面時，所做自我介紹的第一句話不宜太長，如果你這樣說：「我是××公司的××分公司的推銷員×××」是不是顯得有點冗長呢？這時候客戶雖然聽了一大串，但很可能在這一長句中還沒能理出頭緒來，還是不知道你的情況。如果你這樣介紹：「您好！我是××廠的。」在客戶接受了你之後，你再說：「我是××，是××分公司推銷員。」這樣效果就會好多了。

當客戶明白你的來意後，你還要學會假藉一些名人或讚美的話來引起客戶的注意。你可以說：「聽××經理說過您，所以我專程過來拜訪您。」或者「是××廠家業務員說您生意做得很好，所以我特地前來討教！」誰都愛聽讚美的話，如果你這樣說，客戶就不容易拒絕你了，同時他覺得你對他或者對市場已有所瞭解，不是初來乍到，所以他也不會小看你，他會積極配合你，說不定他還會馬上吩咐人給你沏茶呢！

　　當上述幾項完成以後，你就可以和客戶交換名片了。有很多銷售狗，尤其是一些初做陌生拜訪的銷售狗來說，能收到客戶的名片是一件很不容易的事。在與新客戶見面時，您無需過早地拿出自己的名片，在說明來意、自我介紹完後，你還要觀察客戶的反應，之後再遞上自己的名片，如果客戶對你有好感，馬上也會給你他的名片；如果客戶並沒有記住你的姓名，你可以對客戶說：「××經理，我們第一次見面，與您交換一張名片吧！」這時客戶會不好意思拒絕你的請求，因為在他看來，忘記你的名字已經是很不禮貌的事情了；如果在剛見面時你沒有與客戶交換名片，拜訪結束時，你可以對他說：「××經理，與您交換一張名片，以後多聯繫。」如果你這樣說：「可以給我一張您的名片嗎？」會使客戶顯得很尷尬。此外，在接對方遞名片時一定要雙手接收，拿到名片後你還可以面帶微笑地將名片上客戶公司的名稱和客戶姓氏職務讀一遍，並真誠地看客戶一眼，這樣客戶會覺得他受到了尊敬，進而也會對你有相當的好感。

　　在向客戶介紹產品之前，你還可以就當前社會關注的問題和客戶進行閒聊，說不定你和客戶對這些問題的看法會有相通之處，如果真是這樣，你的客戶對你的態度會非

比尋常的。

不管你採取哪種方法，你都不要忘記你的任務是推銷你的產品，並想盡方法讓客戶接受你的產品，也就是說，身為一隻銷售狗，你一定要對自己產品的介紹有一定的藝術技巧，而並不是一味地把你的產品外部和內部特徵說完就算了。「買賣不成話不到，話語一到賣三俏」，這句話說的就是推銷的關鍵是說服。銷售狗們要想激發客戶的興趣，刺激客戶產生購買欲望，說是必不可少的，但說也要講究藝術。有些銷售狗在介紹產品時所用的詞語單調、生硬、抽象，不具有鼓動作用，客戶聽了只會覺得枯燥，而有些銷售狗對於說話則極具藝術。

學習完這一章之後，你總結一下，在過去的銷售當中，你為客戶介紹產品時都用過哪種方法呢？

直接描述產品的益處。客戶購買產品就是因為這種產品對他來說具有一定的益處，而產品帶給客戶的利益在客戶沒有使用之前都是抽象的、概念性的。而你的任務就是要把這種抽象的、概念性的東西變成具體的、實在的、客戶可明確感受到的東西，這樣才能達到吸引客戶的目的。如某一產品能為客戶省錢，如果你只是一味地對客戶講這

種產品的確能使您省一大筆錢，可是到底能省多少呢？對於你和客戶來說都是一個空泛的概念，而如果你能把能省下來的錢透過具體的、事實的數字反映出來，那麼客戶就會對這種產品的性能比較清楚了，也就是說，具體的細節比籠統的說法更易打動客戶。

引用例證。如果讓我們看一本盡是理論的書，我們一定會哈欠連連，但如果在文章中穿插一些故事或案例，我們就會讀得津津有味了。所以說，用舉例說明問題可以使觀點更易為客戶接受。生動而帶有一定趣味的例證，則更易說服客戶。

下面有兩種對同一種機器的介紹，我們來比較一下，看哪種效果好。

甲：「××鋼鐵廠就使用了這種機器，生產效率比過去提高了40％，工人們反應操作方便，效率也提高了，所以，這個鋼鐵廠又加訂了十台。」

乙：「使用這種機器，可以大大地提高生產效率、減輕勞動力，它受到了用戶們的好評，訂貨量與日俱增。」

銷售員甲在介紹時引用了實例和資料，有憑有據，讓

人不可不信，而銷售員乙的闡述則缺乏事實根據，使人聽了半信半疑，雖然用了好幾句肯定的句子，但卻無法使人信服。

在引用例證時，越是切題的例子，越具有說服力。在引用例證時，不要爲了讓客戶認同你的產品而誇大其辭，無論如何你都要講眞話，不可編造實例，並且所引例證是爲了證明自己的說法，切忌牛頭不對馬嘴。當然，在陳述這些實例時要力求生動，講述情節時要引人入勝。

透過故事來介紹商品，也是說服客戶的方法之一。某個鋼鐵廠的一位推銷員在回答客戶對品質的詢問時，並沒有直接回答客戶，而是給客戶講了一個眞實的故事：「去年，我們工廠接到一位客戶的投訴信，反應產品的品質問題。於是廠長帶領全廠工人到一百公里之外的客戶公司，當全廠工人看到由於我們的產品品質不合格而給用戶造成損失時，感到無比的羞愧和痛心。回到廠裡後，全廠職工紛紛表示，今後絕不讓一件不合格的產品進入市場，並決定把接到客戶投訴的那一天視爲『廠恥日』。結果，當年我們工廠產品獲得了金質獎。」這位推銷員並沒有直接去說明產品品質如何，但正是這個故事讓客戶相信了他們的

產品品質。透過故事，你可以把要向客戶傳達的資訊變得饒有趣味，使客戶在快樂中接受資訊，對產品產生濃厚興趣。故事大多新穎、別致，所以它會比一般陳述在客戶心中留下的印象更深。

你既要用事實、邏輯的力量折服客戶的理智，也要用鮮明、生動、形象的語言來打動客戶的感情。如果你可以把客戶購買產品所能得到的好處和不購買產品的不利之處一一地列舉出來，那麼會使你的話更具說服力。

如果把腦袋比作理智，那麼心就是感情，而心離客戶裝錢包的口袋是最近的。所以，你要打動的是客戶的心而不是客戶的腦袋，也可以這麼說，你要努力渲染推銷氣氛來打動客戶的感情，進而激發客戶的購買欲望。有人曾經把銷售打過一個比方：

如果你想勾起對方吃牛排的欲望，將牛排放到他的面前固然有效，但最令人無法抗拒的卻是煎牛排時那「滋」的一聲，只這一聲，他就會想到牛排正躺在鐵板上，滋滋作響，渾身冒油、香味四溢的情景，進而使他產生了聯想，不得不暗嚥口水，刺激需求欲望。

你對商品的介紹，如果僅局限於產品的各種物理性能，是難以使客戶動心的。要使客戶產生購買欲望，推銷員要在介紹產品的性能、特點的基礎上，勾畫出一副夢幻般的圖景，以增強吸引人的魅力。

第四章　當客戶 Say No 時

　　身為一隻銷售狗，面臨的最大障礙和挫折當然就是被拒絕了。大家都喜歡被別人喜愛和接受，而沒有人喜歡被拒絕。要找到應對拒絕的技巧，我們必須先要分析客戶為什麼要拒絕我們，他們為什麼會提出反對意見呢？原因是多樣的，可能是客戶並不明白你的講解，或是你沒有說服成功，或是客戶的需要沒有被瞭解，他們害怕被出賣，或是他們的購買動機沒有得到滿足。不要小看這些反對意見，有經驗的銷售狗會把每一個反對意見視為珍寶，在他們看來，如果他們能夠滿足一個客戶的真正需求，他們就又向做成這筆業務邁進了一步。

　　經過調查80％的反對意見來自於幾個比較集中的問題，它們是：價格、品質、服務、競爭、應用、交貨、經驗、信譽等。

一、應對反對意見的步驟
　　如果客戶提出反對意見，你最好不要爭論，也不要反

擊，而要向客戶提供更多的令人信服的資訊。我們來看一下應對反對意見的步驟：

第一步：傾聽反對意見

在這一步中，你要看到底是真正的問題還是想像中的問題，如果客戶提出的是個真正的問題，就應該馬上著手處理。如果只是一個假想的問題，也仍然要予以處理，不過相對來說比較簡單，你只要和客戶解釋清楚就行了。

第二步：表示理解

我們要對客戶的反對意見表示理解，而不是同意或同情。如客戶反問你：「張先生，恐怕你的價格太高了些吧？」你可針對客戶對價格提出的反對意見表示理解：「我理解你為什麼會有這種感覺。」

在上述的表達中，你只承認了客戶對價格的憂慮，但卻沒有表示贊同或表現出防衛的意識。注意，在應對客戶的反對意見時最好不要使用「但是」或「然而」這樣的轉折詞。如：「是啊！似乎是貴了點，但是……」這樣的話你就是否定了客戶的反對意見，你應該這樣說：「張先生，我理解你的這種感覺，我們就來談談這個問題吧！」

這樣雙方建立起的就是一種合作關係，而不是抵觸的情緒。

第三步：提供新的證據

在提供新的證據之前，你最好讓客戶有一個聽你講新證據的心理準備，使這種緊張情緒緩解下來。

既然客戶已經對這種反對意見開始動搖，我們便可以提出反駁了。你可根據反對意見的類別，即看看它是屬於價格方面呢？還是屬於服務方面呢？之後定出具體的、確切的和符合邏輯的答覆。

第四步：徵求訂單

別看客戶在一開始時可能極力拒絕你的產品，但經過你的新證據的攻勢，你的客戶往往會向你屈服，這下你就可以徵求他的訂單了。

二、應對反對意見的技巧

在應對反對意見時，我們的目標是既消除不同意見，又不讓客戶失去面子。這就需要我們掌握一定的技巧了。

幾乎所有客戶提出的反對意見都可以被轉換成問句的

形式。如果你轉換的這個問題得到了客戶認可的話，那麼你就再也不會把它看成是一個反對意見了，而這時的客戶卻正在等待你對這個問題的答覆。如果你和客戶的對話也能朝著下面這段對話發展，那麼你的這筆訂單還是有很大希望的。

客戶：「不，這倒不是個問題。」

銷售員：「哦！是嗎？那請你告訴我你主要的問題是什麼？」

購買者：「嗯！我想要的是……。」

你看，他就要說出你所需要的資訊了。

除此之外，你還可以用「自己的感覺……人家的感覺……最終發現……」這種句式的方法來處理客戶的反對意見，這種方法能有效地引導客戶接受我們的條件，同時也可避免發生衝突的潛在危險。你可以說：「我理解你的感受……其他人也覺得……而且他們發現……」，這樣就會舒緩銷售人員面臨的壓力，並使客戶做好接受新證據的準備。

面對反對意見我們不必害怕，而要用「期盼」的心態

來面對。客戶既然能對我們的產品提出反對意見，就證明他對我們的產品有興趣，這筆交易你就很有可能做成。

即使我們在以上步驟都做得很好，如果不徵求訂單的話，我們還是達不到目標。儘管客戶認為我們的產品或服務可以滿足他們的需求，但做出決定的過程仍可能會極度引起客戶的緊張情緒，影響客戶的決定過程。如果我們在這時能幫助客戶克服這一窘境，那麼情況就會大大改觀。也就是說，現在的問題已經不是客戶是否願意購買我們的產品或服務，而是我們該如何幫助客戶完成這一決策的過程。我們要儘量使客戶的決策變得容易，才能從交易中獲得最大的利益。

三、應對客戶拒絕的十一種方法

潛在客戶對你的拒絕不是問題所在，真正的問題在於你自己對拒絕所做出的情緒上的回應。如果你對客戶的最尖銳的拒絕不產生任何情緒，即我們平常所說的不放在心上，那你一定能輕鬆地處理這種局面。不過，當我們遭受到拒絕以後通常會畏懼感十足，並導致深層的情緒和心理波動，有文章指出：「當人處於高度負面的情緒中時，智商會變得極低。」所以當客戶拒絕你時，你要保持冷靜、

鎮定,而不要怒火中燒。當客戶對你大發脾氣的時候,你要理解他們的真實情緒,如果你做到了這一點,他們的批評就會逐漸消失。不知以下十一種應對的方法對你有沒有幫助。

1、客戶:「我沒時間!」、「我現在沒空!」

　　銷售員:「我很瞭解。我也老是時間不夠用。不過只需耽誤您三分鐘,你就會相信,這是個對你絕對重要的看法……」或「先生您一定也聽說過吧!美國石油大王洛克菲勒說過『每個月花一天時間在錢上好好盤算,要比整整三十天都工作來得重要!』而我們只要花費二十五分鐘的時間!您可以定個日子,選個對您比較方便的時間!我這幾天都會在貴公司附近,所以可以隨時來拜訪你一下!」

2、客戶:「抱歉,我沒有錢!」

　　銷售員:「我瞭解。現在幾乎每個企業都處於低迷狀態,正因如此,我們現在才開始考慮選一種用最少的資金創造最大的利潤的方法,這不是對未來的最好保障嗎?在這方面,我願意貢獻一己之力,下星期四我來拜見您,可以嗎?」

3、客戶：「我要先好好想想。」

　　銷售員：「先生，其實相關的重點我們不是已經討論過了嗎？容我直率地問一問：你顧慮的到底是什麼呢？」

4、客戶：「我沒興趣！」、「我沒興趣參加！」

　　銷售員：「是，我完全瞭解，對一個談不上相信或者手上沒有什麼資料的事情，您當然不可能立刻產生興趣，有疑慮、有問題是自然的，讓我為您解說一下吧！您覺得星期幾合適呢？……」或「先生，我非常瞭解，要你對不曉得有什麼好處的東西感興趣實在是強人所難。正因為如此，我才想向您親自報告或說明一番。您看我在下週六來拜訪您，行嗎？」

5、客戶：「我們會再跟你聯絡的！」

　　銷售員：「先生，也許您目前不會有什麼太大的意願，不過，我還是很樂意向您介紹一下，要是能參與這項業務，對您將會大有神益的！」

6、客戶：「我再考慮考慮，下星期給你電話！」

　　銷售員：「先生，歡迎您來電話，您看這樣會不會更簡單些，我星期四下午給您打電話，您覺得可以嗎？」

7、客戶：「請你把資料寄一份過來好嗎？」

銷售員：「先生，我們的資料都是精心設計的綱要和草案，必須配合人員的說明，而且要對每一位客戶分別按個人情況再做修訂，等於是量身定做，所以最好是我哪天親自過來拜訪您，您看上午還是下午比較好？」

8、客戶：「我得先跟合夥人談談，才能答覆你。」

銷售員：「先生，我完全瞭解您的顧慮，我們什麼時候可以跟您的合夥人一起談呢？」

9、客戶：「目前我們還無法確定業務的發展情況，還是以後再說吧！」

銷售員：「先生，我們也是擔心這項業務日後的發展，那您先參考一下，看看我們的供貨方案好在哪裡，對於您公司是不是可行，我下星期幾來比較好呢？」

10、客戶：「說來說去，還是要推銷東西啊？」

銷售員：「我當然是很想銷售東西給您了，不過是要能帶給您讓您覺得值得的，才會賣給你。您不買也沒關係的，有關這一點，我們要不要再討論一下？您覺得我下週幾來比較合適？」

11.客戶：「我要先跟我太太商量一下！」

銷售員：「好的，先生，我瞭解，可不可以約夫人一起來談談？約在這個週末，或者您喜歡的哪一天？您覺得怎樣？」

類似這樣的拒絕還有很多，不過處理的方法其實都大相逕庭，就是要把拒絕轉化爲肯定，讓客戶拒絕的意願動搖，之後你再乘機跟進，誘使客戶接受自己的建議。

第四篇
如何管好你的
銷售狗

　　身為一群銷售狗的經理人，你需要運用大量的策略和技巧來幫助你手下的銷售狗們進入一種更健康、更豐富的思維模式。你不能一味地批評自己的狗，否則你面對的必定是一群惡毒野蠻的動物。那麼，你應該採取什麼樣的方法呢？請接下去看。

2

第一章　你在狗窩中所扮演的角色

我們先來看一個故事：

老王到市場上買驢，但他卻不知這頭驢的品性，只好把牠先牽回家試用兩天。他把這頭驢牽到自家的牲口棚裡，把牠和家裡的三頭驢繫在一起。老王對家裡的三頭驢的品性了如指掌，牠們其中的一頭勤快，一頭懶惰，一頭善於討好。

不一會兒，這頭剛被牽回家的驢就和那頭好吃懶做的驢子走在一起。老王二話不說，馬上又牽著這頭驢回到市場上。

「你不是說要試試嗎？怎麼這麼一會兒就回來了？」賣驢人問。

「不用再試了。」老王對賣驢人說，「我已經知道這是什麼樣的驢了。」

「物以類聚，人以群分」，這頭驢的品性不言而喻。同樣，這個小故事也告訴了我們一個道理，在用人之前，管理者一定要先對被管理的對象進行深入的瞭解，以達到有效管理的目的。

別把你自己想成高高在上的樣子，你也只不過是一隻資深的銷售狗而已，不同的是，你有相當的權力去管理你手下的那些銷售狗，你所扮演的只不過是一隻狗爸或狗媽罷了。

成為變革的主人。身為一名銷售經理，你所面臨的最大和最具挑戰性的任務就是讓你的銷售團隊做好準備應對瞬息萬變的市場。現代管理大師彼得・杜拉克曾說過：「每一個組織，必須準備放棄它所做的任何事情。」

當今社會是一個大變革的社會，一個偉大的銷售經理就是這場變革的主角。每個公司的業務都不是由可預測的演變組成的一條直線，而優秀的銷售經理應該可以冷靜地面對這場混亂局面，隨時熱烈地擁抱這場變革並始終可以適應前方種種鋪陳的艱難挑戰。

Diana是美國諮詢公司Comforce Technical Services的銷售經理，她手下的員工這樣評價她：「她對自己和團隊的

期望值是一樣的，她從不害怕自己的銷售代表超越自己，甚至鼓勵這樣的情況發生。透過她的指導，她幫助我們提升到我們所能發揮的最優秀能力。」

當面對變革的時候，你的屬下會自動關注他們應放棄什麼，這時你的角色就是要幫助他們生動地想像一塊大蛋糕，然後告訴他們自己將親自帶領他們衝過封鎖區，把他們毫髮無傷地帶到蛋糕房，盡情享受。如果這個時候你把你想像成狗媽媽，這個問題就會更容易解決了。

創造熱情。狗窩的主人從來不希望自己的狗仔們每天都神情沮喪，只顧呆呆地啃著骨頭，所以每天都會帶著牠們出去溜達，同樣，銷售狗也一樣需要這樣的待遇。

All Copy Products公司的首席執行官Brad Knepper曾在他負責銷售的三年時間裡把公司的銷貨收入從一百二十萬美元提升到了一千一百萬美元，談及經驗時，他說：「我希望保持銷售人員愉快的心情和忙碌的工作狀態，並一直在努力這樣做著。」比如，他曾舉辦了一次為期一週的活動，在那次利用棕櫚樹、草裙和titi火炬完成的「生存者」競賽中，銷售代表贏得規定的點數後就可以打電話安排與客戶約會和展示產品，獲得點數最少的人則要被剔出部落

團隊。

結果大家都融入到了這個主題當中，同時生產效率大幅度提高，他們會在辦公室裡停留很長的時間來完成工作，跨越不同的團隊來分享經驗和創意，這項比賽讓All Copy Products的員工學到了更多的競爭精神。

在經濟衰退階段，要保持較高水準的熱情是非常困難的，因為在這一時期常會面臨著裁員的危險。「某個星期，我們公司的某個行銷團隊和一半的銷售員工被辭退了。之後，我與自己團隊裡的每位成員進行了一次談話，我告訴他們這種裁員危險還可能再來，在生活裡沒有任何保證可以不發生令人不愉快的事情，並告訴他們如果希望退出，我會理解他們並接受他們的決定。但是，我也告訴他們，如果身為一個團隊裡的一員，付出我們最大的努力，調整我們的方式，我們就有機會獲勝。在接下來的幾個月裡，透過大家的努力，我們這個團隊終於恢復了過來。」某個公司的銷售經理如是說。

培訓你的團隊。我們生活在一個以知識為基礎的社會，資訊傳播的速度令人望塵莫及。這種速度和資訊的容量同時也創造出了新的挑戰。當我們在這種資訊爆炸中尋

求發展時，高素質的人與人的直接聯繫成爲了一種罕見的方式。最佳的銷售培訓戰略就是鼓勵銷售人員花更多的時間去瞭解客戶的情況，投入更多的時間進行更深入的挖掘，制定出更符合客戶實際情況的銷售方案。

　　稍有遠見的銷售經理會爲自己的員工持續地提供一系列的培訓。但你絕不能期望你的員工在經過兩個星期的培訓後就能夠飛快地成長起來。銷售培訓是一種持續性的投資，不要讓你的員工的發展去碰機會，而要制定出一套完整的計畫，並對整個過程進行評估。

　　優秀的銷售經理會把職業發展從技能發展中分離出來。他們認爲，銷售談判課程可能會給銷售人員一個短期的成長，但是並不會改善銷售人員的長期職業生涯。職業發展過程應該更加關注拓展銷售人員的商業指揮及對人和商業行爲的判斷。

　　成功的銷售經理在鼓勵每個銷售人員發展的同時，也要掌握對完成公司工作的微妙平衡，這更像是一種藝術而不是科學。及時地對每一個員工進行工作任務的考核，這是科學的部分；但是，你也應該給他們支援和未來的希望，幫助他們賺錢，這是藝術的部分。

　　贏得信任。儘管每一位銷售經理都會極力地鼓勵他的員工，有時還會不時的以物質或精神的獎勵去贏得員工的信任。但是，他的員工們可都是從小就會咬人的狗，他們對這些話並不會太在意，而是會透過經理們的所作所為來加以判斷。

　　信任是做好各種關係的基礎，如果你已經贏得了這種信任，你的員工就不必再去對你所說的話進行猜測，他們覺得你可以依靠。信任不是你對團隊的告誡，而是你在沒有人監督的情況下的作為。如果你對某種工作設立了規則和最後完成的期限，那麼最好徹底執行，而不要半途而廢；如果你安排了會議的日程，就必須按期召開，否則你就失去了贏得信任的最起碼因素。

　　你要是想贏得你屬下員工的信任，你就有理由讓他們相信——他們的經理正在為這個優秀的團隊努力工作，並在需要的時候成為他們最堅強的後盾。如果你變得驕傲自滿，對員工的態度惡劣，有時甚至濫發粗魯評論或說謊欺騙你的員工，那麼你就背叛了他們的信任，最終只能成為一隻喪失鬥志的普通銷售狗。

　　身為一名管理者，你可能會認為，你的員工隨時都在

監督你，事實上，他們也正在監督你，除非你按照自己所說的、自己的能力和自己的一貫作風行事，否則你的形象在他們心中會大打折扣。當你有了失誤後，不要隱瞞，也不要掩蓋，要非常坦然地承認自己的錯誤並負全部的責任。只有這樣，你的誠實反應才會平息大家對你的批評。是人就會犯錯誤，大家會理解你並會尊重你的誠實，但如果你過於自滿而不承認自己的錯誤，你將會失去大家對你的信任，你的管理能力將受到了損害，那麼你的團隊也不能順利地發揮功能，你的工作就無法進行下去。

引導下屬永遠追求進步。身為一名優秀的銷售經理就意味著他要參與持續的改革過程中，而要實現快速和有效的改革是相對容易的，但是如果要把這種動力持續保持下去則是非常困難的。要完成某個季度的銷售目標就需要創新，而這種創新隨著銷售戰略最後的改變經常會被扼殺。

創新是要求對事物大規模地進行破壞和帶來快速的結果；而持續的改革依賴於小的步驟，甚至依賴於常規知識，由它們對過程給予巨大的關注力並隨著時間的推進在小規模上對結果有一個不太實質的改變。

資金是創新的激勵動力。在今天具有挑戰性的經濟環

境裡，持續的改善與創新相比較可能是一種更爲合適的選擇。

　　我們來看一下銷售經理可以從哪五個領域關注持續進行的改善：

1、激勵你的員工

　　如果你常以詢問的口氣來詢問你的銷售人員，如：「我做得怎樣？」、「我怎樣做才能幫助你取勝？」或「我如何才能幫助你成長？」，那麼他們會有一種被重視的感覺，他們會很願意告訴你公司在哪些方面最需要改善，哪些方面需要你去進行新的挖掘。

2、對你的考核方式進行改善

　　透過考核每一位銷售人員的交易完成率，研究完成一次交易需要多少次與潛在客戶的接觸，來衡量你的考核方式是否正確。更好的銷售預測、更好的考核行爲將會爲團隊帶來更好的結果。

3、優化你的管理過程

　　對你的管理過程你一定要進行細緻的研究，比如你要清楚你花費在業績最好的員工身上的時間有多少，你幫助

他們更積極地工作、更有效率地工作和捕捉更多機會的時間有多少，你在培訓業績不佳的員工方面投入的時間有多少，對這些有了大致的瞭解以後，你要考慮這些時間的分配是否合理，如果不合理該怎樣進行調節。

4、改善你的銷售流程

銷售環節中的每一個環節都是至關重要的，不要以爲那麼多的環節而忽略了其中的一個，只有把這些細節環環相扣，你才能找出一個可以完成各項任務的更好的方式。

參與到各項工作中。許多銷售人員都格外關注他們對工作的努力程度，而不是特別關注結果。一旦他們的工作失敗或出現了各種負面因素，他們就會抱怨公司的潛在客戶的素質不好，無法達成交易，甚至會以爲是公司把最困難的客戶分配給他，根本不去承擔自己對工作的責任感，更不會積極主動地去與潛在的顧客進行溝通，銷售自己公司的產品。這種消極的態度所帶來的結果就是會使他們的工作變得沒有效率。

現代管理大師彼得・杜拉克曾經說過：「關注於貢獻的經理應該承擔起對結果的責任，無論資歷多麼淺，在『高層管理』詞語中的最基本的含義就是讓自己對整體的

業績承擔責任。」

　　在觀察你的客戶的時候要有高度的解析度，對你的銷售團隊有很順暢的接觸，而不要把自己沈浸在紙上作業，那種紙上談兵的做法永遠是行不通的。如果一味的躲藏在自己的辦公室裡，那麼他們收到的結果也只會是一大堆寫滿密密麻麻的廢紙。而優秀的銷售經理具有很好的透視性和可接觸性，他們會走到工作的第一線向員工們示範如何才能做好工作，向他們傳授工作的經驗，而對這種工作的參與會逐漸培養員工對你的忠誠度。

　　在與客戶接觸的業務中，如果銷售經理能參與，則會使他的銷售團隊在市場上的根基更加牢固，所帶來的結果就是客戶感到與公司有很好地聯繫，由於管理層人物的出現客戶會感到受到了尊重，在以後的業務中進行的就會更加順暢。

　　積極反饋。身為一名銷售經理，你需要定期向你的銷售團隊進行各種資訊的反饋。

　　如果你沒有這種意識，即使再優秀的銷售人員也會放棄他對工作的努力，如果他在完成目標任務後沒有獲得讚

揚或獎勵，他一定會對自己說：既然沒有結果為什麼還要如此努力工作呢？如果沒有未完成目標後的懲罰或超越目標完成任務後的獎勵，銷售效率自然會大幅度降低，這一點大家都深有體會。

一名優秀的銷售經理會在工作還沒有開展之前就設立清晰的銷售預期和符合實際的目標任務，他會不斷為銷售人員提供任務完成情況的反饋，讓他們隨時瞭解自己的工作進度，而不是僅僅在年度末或季度末才進行工作回顧。

延遲的工作績效反饋會讓銷售人員失去動力，因此你要在工作推進過程中不斷對銷售人員進行評估和反饋，當銷售人員瞭解工作的標準後就會努力達到這個標準，如果你沒有創建一個清晰的目標，那麼你如何設定工作的責任呢？

在一個公司內，銷售副總裁要全神貫注地審視組織內對讚揚的需要，並對區域經理的額外工作努力表示感謝，尋求來自於首席執行官的讚賞。一旦他們完成了銷售目標，銷售副總裁就會要求他們設立一個更高的銷售預期目標，告訴他們銷售人員還要進行更多的努力。

爲無線通信行業提供成本管理解決方案的MobilSense Technologies Inc.的客戶經理Diego Lombardo深情地記得他的第一個銷售經理，「他完全是誠實的，把任何事情都攤在桌面上，」Lombardo說。「如果我們沒有完成工作的時候他會適時的提醒我們，當我們向他尋求協助的時候，他從來不會找藉口推辭。」

第二章　如何管理好你這隻狗之主

　　身為管理者，管理銷售狗難，但管理自己更難，你是否應在日常工作中檢示一下自己的問題所在呢？

　　要管理好你的銷售狗，首先你要注意自己是不是做到以身作則，如果你都達不到的目標而去要求你的屬下完成，即使你的屬下完成了，他也會對你嗤之以鼻。如果你的作為連你的銷售狗都不恥，那你還有什麼資格去嚴明你的「家教」呢？

　　下面所出現的這些問題是身為管理者應該特別注意的，在管理你的銷售狗之前看一下你是否也有這些方面需要禁忌。

1、員工關係方面

　　為取得眾銷售狗的擁護，許多管理者在業務會議上時常說：「希望大家給我一個面子」。實際上，在正常的工作安排中，這些只不過是日常管理的必要組成部分，並不

是「大家給個面子」的問題。如果將任務分配硬是與「面子問題」掛鉤，那麼勢必將原本「公對公」的工作安排演變為「私對私」的個人關係。如果真的如你所想，你已與這些銷售狗打成了一片，大家都給你這個面子，還算萬事大吉；但如果你一向以領頭狗自居，與眾銷售狗格格不入，別人不給你這個面子，到那時你再想把問題重新放回桌面上來談，那將會比按正常管道解決付出更多的代價。

在現實工作中，有很多銷售經理都有意無意地維持著自身與下屬之間的「私人關係」，但這種關係一般都不是在正常條件下形成的，而是需要相當高昂的費用，並且這種關係十分脆弱，經不起風吹雨打。一個優秀的團隊是利益的有機結合體，如果你能準確地抓牢大家的利益紐帶，那麼你就可以誘導出你這個集體所向無敵的團隊精神。你要是認為透過私人關係更容易維護這個團隊的話，那你就錯了，恐怕到時你心力交瘁時你的團隊還是分崩離析。

2、管理威信方面

「再等幾分鐘吧！」，在公司的業務會議或全體會議上，為了讓大家等待少數遲到者，部分的管理者都會說這句話。也許你覺得這並不是什麼大問題，但如果長此以

往，你的威信就會如專用的掃把——只能用來掃地了。以後每次召開會議時，總會有一批人遲到幾分鐘，因爲你不在乎，他們更不在乎，以致於使多數人等少數人；或是在會議進行中，少數人無視會議紀律擅自外出等等。

要想管理好你的管理團隊，絕不能對他們姑息，對少數的賴皮狗違反紀律的行爲絕不能寬容，否則你將難以服衆。

3、團隊建設方面

有些管理者在很多公開或私下的場合時常會向大家說一句「我是某某的」的話，其中的某某可能指的是集團總部的某高層主管。他這是有意向大家宣揚：大家可要聽好了，我可是總部高層主管某某一手招聘並栽培起來的，平日做事可有足夠的後臺撐腰，所以大家務必要支持啊！司馬昭之心，大家皆知啊！

這種行爲屬於「拉幫結派」，他可能是一番好意，想使大家都集中在他身邊好好工作，但大多數情況下還是極其容易招致大家的反感，如果爲此你身邊眞的聚集了一批裡流氣的狗兄狗弟，那麼他們多半是一些只會拍馬屁的傢伙。

古語云：「正人先正己，修人先自修。」如果銷售經理的幫派意圖非常明顯，則很難讓手下的員工緊密地團結在一起。另外，總部並不是只有這一位高層主管，如果這話傳到其他高層主管耳中，將會給自己的工作帶來更大的變動，所以你只需提倡團隊合作精神以便「抱團打天下」。

4、人才優勢調動方面

如果你發現公司業績下滑，越來越「分崩離析」的時候，你絕對不可以怨天尤人，感慨「這些人啊！沒有一個行的」。你對自己的屬下都抱持這樣的懷疑態度，那麼你怎麼讓別人對公司有信心呢？也許那次失誤只是一個意外而已。

每隻狗都有優缺點，一個優秀的管理者應該很善於發現他屬下銷售狗的優點，先做到「揚長避短」，以達到「截長補短」，只有這樣，才算「人盡其才」。如果你發現自己屬下的銷售狗對工作沒有多大熱情的時候，只是亂搖尾巴，那麼你就要從自身找原因了：我應該怎麼做呢？答案很簡單，你應該積極地去發現大家的優點，把大家調配好、激發起他們的積極性。

5、在明星員工方面

這是某經理在一次非正式會議上向大家發出的警告。××是分公司的業務明星，在分公司擔當60%以上的銷售額。

每個公司都會有一個或若干個業務明星，身為管理者的你，如果對這些業績突出的銷售狗加倍嬌寵，甚至在正式或非正式的會議上對大家發出警告：小張可是我們公司的支柱，你們可不能惹他，他在我們公司承擔一半以上的銷售額呢！就算這隻銷售狗真的如你所說的那麼神奇，其實他也是在大家的通力合作之下才有此成績的。如果你一味的把希望放在僅有的幾隻狗身上，那麼其他的狗就會喪失工作熱情，你所器重的那幾隻狗也會翹起尾巴，一副高高在上的模樣，這樣他們極有可能會被大家孤立，此後的工作一旦失去支援，那麼他先前的業績肯定不再。

所以，在對待銷售狗們對公司業績貢獻率的問題上，銷售經理要做到「一碗水端平」，否則，很容易如上所述傷害了除了你所讚揚的狗以外的狗的感情。公司業績的提升，離不開大家的共同奮鬥，並不是某個或某幾個業務明星單槍匹馬就能一蹴而幾的。每個公司的銷售區域都會有

「肥沃」和「貧瘠」之分，銷售經理可以根據各種銷售方面的「參考指數」進行銷售任務的合理分配，根據銷售任務實施資源配額，但有一點不容忽視：大家在人格上都是平等的，否則將得不償失。

6、 在憂患意識方面

某些管理者為了增強銷售狗們的憂患意識，常常把「好好做！，否則我把你們全開除掉！」掛在嘴邊，其實他的這些話本是好意，可是這種方法收到的效果卻不見得好。而且他本來也只是嚇唬嚇唬，時間久了這句話也就成了他的口頭禪了，不過他倒是從沒有想過怎樣幫助那些落在狗隊後面的銷售狗如何取得進步。

上述話語從管理的角度看屬於典型的破壞性批評，雖然其本意可能是善意的警告，但此舉並不是明智的做法。如果你不顧屬下的感受，覺得他們會明白你的好意，那麼你可是大錯特錯了，他們在這個時候往往會感到無助，而內心深處的憂患意識過於強烈往往又會影響業績。所以，一個真正優秀的管理者，其正確的做法應該是幫助下屬（尤其是新聘員工）充分研究市場，制定合理的銷售目標和妥善的行動步驟，讓你的銷售狗明白完成此項任務的難

度和可行性，讓他們樹立起信心，只有這樣才能使他們心中樹立憂患意識的同時又能積極的完成任務。

7、在激勵屬下方面

隨著市場的進一步擴展，銷售壓力也越來越大，身為公司的管理者們，一到銷售旺季他們便心急如焚，因為整個年度的銷售量關鍵就在於旺季的業績，所以一些銷售經理們必然會採取各種方法去激勵大家、號召大家共同奮鬥，同時也難免會對公司裡的個別銷售明星進行一番「特別」鼓勵，如拍著他們的肩膀對他們許諾：「好好做吧！等過了這段時間我提拔你做經理助理。」伴隨這種激勵的往往還有一些「只可意會，不可言傳」的物質化的東西，事實上，這種激勵恰恰使下屬走向了另一個極端。

更何況，很多銷售經理在對下屬許諾時大多是心血來潮，開的只是「空頭支票」。比如，當大家共同熬過銷售旺季之後，銷售經理們大都忘了「等這些日子一過，每人發一筆獎金」的許諾，一些經理甚至在領取了佣金和獎金之後，把功勞全部歸於自己名下，僅僅拿出一小部分獎金發給大家。這種激勵不兌現和獎勵分配不公的現象是很容易招致下屬「集體造反」的，到那時銷售經理的地位可就

岌岌可危了。

8、在內部團結方面

　　每個狗窩裡都會有幾隻業務不精的衰狗，而一些銷售經理則常常會對這些在業績上不突出的，甚至在公司經常調皮搗蛋的傢伙「另眼相看」。尤其在一些私下的場合，面對幾個比較「親密」下屬時往往會說出這些心腹話，這種做法小則會影響你的形象，重則會使大家分崩離析。

　　一個公司對外的爆發力關鍵就在於公司內部人員的合力，當公司沈迷於內耗時，其合力是最小的。一個公司的衰落也必然是從內耗開始的，而一旦到了積重難返的境地，想再重整旗鼓則十分艱難。所以，如果你還關心你的事業，你就應該取大丈夫之所為，而不應該行小人之舉。

　　在管理你的銷售狗之前，你還需要制定一個管理計畫，怎麼做好你的管理工作呢？

　　敬「事」：在你的狗窩內部提倡做事專業、強調敬業精神的企業文化。要本著人人有事做，事事有人做，要做就做最好的原則去做每一件事。處理問題要做到對事不對人。總之，一切要圍繞流程、目標、規定等「事」來進行

管理，變人治爲法制，避免內部不必要的人事衝突。

愛人：愛人指的不僅僅是尊重員工，還包括尊重客戶。管理者有權決定自己狗窩裡的銷售狗在企業中的前途，如果你不尊重你的屬下，對他們沒有愛心，不重視他們的發展，那麼他們也不可能對你忠誠，於是你就會成了孤家寡人，這樣你的事業就不會有多大前途。

守信：身爲一名管理者，如果對你的銷售狗們不守信，那麼他們也不會對公司守信的。你要記住，朝令夕改的公司一定沒有前途。要制定公司的遊戲規則，並全力維護規則的嚴肅性，不能認爲「規則是給員工制定的，我是超脫規則之外的」，這樣只會把你從這個團體中分離出來，你要無時無刻記住你也是一隻銷售狗。

節約：節約也就是要節省與業務無關的開支，並把業務開支控制在一定的範圍之內，形成整個公司節約的文化。這種節約的文化是企業文化的一部分，會推動公司的發展。

時效：這裡的「時」就是時機和時間。身爲管理者雖然有權發佈指令，但不能隨意發佈，要注意時機。在發佈之前要考慮銷售狗們的感受和心態，你要考慮他們現在適

合不適合做這件事，如果你現在說了，他們會有什麼反應，萬一他們有某種反應，你應該怎麼引導他們，當你把這些事情考慮清楚了以後，再發佈指令，銷售狗們自然就會遵照執行。同時你還要給他們規定完成任務的期限，什麼時候做到什麼程度等。

第三章　瞭解你的銷售狗

　　銷售本來就是一個團體合作的專案，如果你是銷售狗窩裡的狗主，那麼你需要確認你的合作夥伴都有著什麼樣的本領，他們屬於哪一品種，對每一隻銷售狗的清楚瞭解，將會對你的成功機會產生重要的影響。任何一個和你的潛在客戶有關聯的人都是這個狗窩中的一員。身為一名銷售經理，能確定下屬的品種對你來說有著非比尋常的意義。

　　銷售經理不但要瞭解下屬所屬的品種，也要瞭解自己所屬的品種，這種能力將提昇你管理該群體的能力。知道如何識別狗的品種將使你擁有更大的滲透力，有了這些知識，就可以對自己以及他人的潛力和性格進行發掘，透過這樣的途徑，銷售經理才能派遣適合的銷售狗去獵取適合的獵物。結果是什麼呢？有更多的銷售訂單、更多的提成、還有更多的獎金，而且人人有分。

　　大部分銷售狗都缺乏一種洞察力，他們不瞭解自己的

聽眾、潛在客戶和同事對自己的真正看法，也不知道他們會做出怎樣的回應。這種現象在銷售中可謂是「沈默的殺手」。而這些銷售狗很有可能會去責怪環境、市場和客戶，卻很少對著鏡子看看自身存在的問題。如果接受了正規的培訓，銷售狗能夠有機會得到重要的資訊反饋，就可以以其出奇制勝的精確性獵取獵物。不過，在他們進行培訓結束之前，你最好是準備一根栓狗帶，需要積攢大量的耐心，還需要買來一雙塑膠手套和一把小鏟子，跟在這些狗仔的後面清理糞便。

即使是再好的狗狗，最初他們也會把四周弄得一團糟。其實他們是熱情的，但卻很難管束，只要你管理中恰到好處，這種熱情就能創造出出色的銷售業績和高額的抽成收入。

如果你是一名馴狗師，你的窩裡有哪些品種的狗呢？如果你是個管理層的銷售經理，在你的下屬中哪一層的狗吠聲最高呢？這些你都知道嗎？

身為一名馴狗師，在行動之前認清你的潛在客戶屬於哪個品種將賦予你絕對的優勢。

在打獵的過程中，狗面對的獵物可以是鴨子、麻雀、熊和木棒等；對於銷售狗來說，他們的獵物可以是大公司、個體經營者、高級主管和決策人事助理。不同的狗會吸引不同的目標，而把恰當的銷售狗派出去做恰當的工作，將是管理者成功的關鍵。大部分馴狗師在最初的時候都面臨著一個完整的種群，他們認養這群銷售狗，而這些銷售狗也同樣享有招兵買馬的樂趣，最後組成了整個銷售團隊。

銷售狗在被雇用之前很少是接受過調查、測試、面試和評估的，即使他們真的有過這種經歷，其結果也不能代表什麼。

有的銷售狗天生擅長做答，有的則擅長在主考官面前做秀。如果只看他們在面試中的表現，你會以為你釣到了一隻優秀的獵犬，但到了真槍實彈的戰場上，你才意識到你得到的不過是一隻沒有多大用處的衰狗。但無論如何，你要有所作為，不必非得清理門戶。如果你瞭解各個品種的銷售狗的特徵，你就可以讓屬下這支團隊的狩獵實現飛躍。

比如說，對於比特狗，你要小心看護他們的領地，他

們雖然具有進攻性，但是可能會缺乏技巧和策略，所以必須要定期對他們進行培訓。但如果你的員工中有吉娃娃，那你可要小心了，他們非常聰明，可能是咖啡因或缺乏睡眠的緣故，他們有時候會變得非常情緒化，甚至相當偏執。

不過，世界上真正最優秀的銷售員，不管他們是吉娃娃、獅子狗、沙皮狗，還是他們在新加坡、紐約或巴黎，他們都有一個共同特點：他們都是銷售狗。而任何一個負責激勵、教導或管理這些狗的人都是馴狗師。

第四章　管理你的銷售狗

　　如果你把你的狗很長時間獨自留在家裡，而不去陪伴牠、鼓勵牠，那牠可能會把房子掀開來，把家具吃下去，四處遊蕩，擅離職守。而如果一隻銷售狗與他的主人失去了互動和交流，最終他們也會做出同樣的事來。

　　沒有人管教和指引的銷售狗即使性情再溫柔也會有野性大發的時候，要想讓這些銷售狗有所作為，就必須要求這些狗的管理員會識別狗的品種，瞭解他們天生的強項和弱勢，把每一隻狗都放對位置。

　　這樣，這些銷售狗才有可能獲得成功，整個狗窩才會有所助益。

　　蝦、天鵝和兔子不知從什麼時候做起了朋友。一天，三個夥伴去玩耍，發現路上有一輛車，車裡有很多好吃的東西。於是三個夥伴商量把車子拖走，說行動馬上就行動，牠們把車子的四周繫上繩子，三個夥伴鼓足了勁，一齊用力拽動繩子，蝦、天鵝和兔子都累得汗流夾背，但車

子卻動彈不得，原來啊！天鵝使勁往天上提，蝦一步步朝池塘裡拉，兔子則拽著繩子向草叢中拖。

在這則故事中，天鵝、蝦和兔子都使了勁，但車子卻沒有被拉動，我們從中受到什麼啓示呢？

由於銷售狗所屬品種不同，所以銷售狗窩裡自然有不同才能的銷售狗，只有對這些銷售狗的品性瞭解了，才能對他們實行管理，最後才能使整個狗窩得到發展。

每一隻銷售狗都有其獨特的個性，而你的現有客戶和潛在客戶也不例外，針對現有客戶和潛在客戶來選擇恰當的銷售狗，把這些銷售狗派往恰當的領地，這樣有利於他們從一開始就建立關係。

如果你想要培養與客戶之間的親密關係，製造更多成功的機會，那你就需要一個明智的馴狗師。你可以派比特狗去應付做事雷厲風行的客戶，如果客戶是溫和婉轉的，那你最好派金毛獵狗去比較合適，假如是要去和政府部門打交道，巴吉度獵狗則是首選，這種銷售狗應付那些漫長而瑣碎的事務是最爲拿手的了。

馴狗師必須爲每一隻銷售狗加以引導，使他們在最短

的時間裡步入最恰當的方向，以取得他所能達到的最好成績。但這種引導並沒有一個固定的模式，你所要提供的培訓要按照各個品種的性情量身定做，因爲每一個人都是獨一無二的。

下面這則寓言正說明了這個道理。

動物界模仿人類創建了一所動物學校。學校內的活動課程包括跑步、爬行、游泳及飛行。爲了方便管理，所有的動物都得參加每一項課程。

兔子跑步的成績是全班第一，甚至比老師還快，但不久以後，牠卻因爲練習游泳而感到神經衰弱。

在游泳課程中最頂尖的要數鴨子了，不過在飛行課程，鴨子的成績卻勉強及格，最差的還是跑步課程，因爲牠跑得太慢，所以每天都要花上好幾個小時在練習跑步上，腳都磨破了，結果成績還是不及格，好在這個標準只適用於學校，除了鴨子以外，根本沒有人在意這件事。

松鼠善於爬行，爬行課自然不在話下，不過松鼠的飛行課程就不行了，由於在練習飛行時因運動過度，使牠的爬行課的成績也不盡理想。

一個學期結束了，兔子在跑步課程中得了第一，鴨子在游泳課程中得了冠軍，松鼠在爬行課程中所向無敵，而稍稍具有飛行能力的奇特鰻魚，平均分數最高，成為最優秀的畢業生。

由於當時創建學校時的疏忽，沒有開設挖掘課程，所以土撥鼠拒絕入學，而是去獾的地方學習，後來地鼠也加入，於是牠們成立了一個私立學校。

從上面這則寓言我們也可以看出，每個人都有自己的獨特之處，只有發揮出自己的優勢才能把事情做得更好。

再比如，在管理比特狗時，馴狗師可以給他們製造大量的挑戰。這些能讓他們在技藝和業績上有突出表現的活動能大大激發他們的熱情，以促進他們的個人發展。但如果把這些放在金毛獵狗的身上，就等於把他置在一個鬥牛場中，只會讓他更加恐懼，因為金毛獵狗喜歡皆大歡喜的結局，他們並不喜歡被人關注的感覺。

如果你非常擅長激發你手下的銷售狗，那你就能取得你想要的效果。比如，瞭解一些你手下這些狗的嗜好是激勵他們走向成功的秘訣。

但要記住，對一種銷售狗有效的做法往往對另一種狗發揮不了作用。用不同的方式去激發不同的狗，出色的馴狗師對此深有領悟，所以，他們會爲各種銷售狗量身定做獨特的激發方式。他們會不惜一切代價讓喜歡當冠軍的狗實現目標，而對天性和善的狗來說，這一點就不是那麼重要了。

要想激發你屬下的銷售狗的鬥志，你就必須不斷地提醒這些銷售狗們去關注他們爲別人提供的服務，無論怎樣強調其重要性都不爲過。你必須觸動他們的心，只有這樣，他們才能以同樣的方式去觸動客戶的心，在這種基礎上，你就可以做出有意義的決策了。

所有的狗都需要讚揚和愛撫，這樣牠們才能在成長的過程中培養出良好的性情。銷售狗也一樣，他們也是一群比較簡單的動物，他們也需要表揚和安撫。有的銷售狗甚至願意放棄實質的獎勵來換取一絲名氣和一聲讚揚。事實上，銷售狗越是聰明好鬥，你就越要用盛讚來制服他們，確保他們能有更好的表現，所以你必須及時、經常地爲他們取得的勝利而喝彩。

但馴狗師們要注意，當你的狗沒有闖禍的時候你把他

淹沒在讚美之中，在他惹禍時你也不要過於諷刺或責備他，只需糾正他的錯誤即可。如果你一味地對他們較差的行爲進行責備，那你的銷售狗會變得刻薄、惡毒，甚至會對你發動攻擊。所以，在他們出現失誤時批評的方式也一定要謹愼。我們來看一下美國總統卡爾文‧柯立芝對下屬是怎樣進行批評的：

一九二三年登上美國總統寶座的卡爾文‧柯立芝平日沈默寡言，在美國總統中是屬於默默無聞的那種，但他也有出人意表的時候。

在柯立芝辦公室裡有一位漂亮的女秘書，但這位秘書工作起來卻相當迷糊，公文中常有錯誤。

一天，這位女秘書穿了一套新買的套裝上班，柯立芝對她說：「今天妳穿的這套衣服眞漂亮，正適合妳這樣漂亮的小姐。」

柯立芝是很少讚美人的，所以女秘書受寵若驚。柯立芝接著乂說：「不過妳可不要驕傲啊！我相信妳公文的處理也能和妳一樣漂亮。」從那天起，女秘書在處理公文方面就很少出現錯誤了。

　　其實，批評也帶有藝術性，如果你處理得好，批評也會變成一種動力。

　　此外，要想在你的狗窩裡建立起一種共同的信念和認知，就必須有一套所有的狗都簽名畫押的家規：

　　每一隻銷售狗必須要對自己的行為負責，自己做的事自己有責任把它做完整，成功與失敗並不重要，而不能把自己的麻煩推到別人身上，這是一種很不尊重人的舉動；即使對窩裡的其他狗有意見，也不要指指點點，不要進行人身攻擊或有意破壞人家的工作，有問題可以當面說或直接去找相關人員解決；不要在客戶面前批評其他同伴，這樣的話，即使你的能力再高，客戶也會認為你的狗品有問題；不要以不正當的方式利用同伴、客戶的幫助和職位之便；尊重每一隻狗的領地，不要進行利益衝突，而要將注意力集中在自己的任務上；不要撒謊，什麼事情都要堅持誠信，這是一種職業形象；也不要去尋求別人的同情，尤其是客戶，不要指望他人的施捨等等。千萬別小看了這些家規，它們能使你手下的狗從一群各自為政的烏合之眾變成一支戰無不勝的銷售狗團隊。

　　雖然你是領導者，但是你永遠也不要依靠鐵腕政策來

統治你的隊伍，除非你能夠同時表現出溫和友好的一面。沒有一個偉大的領導者會永遠以獨裁者自居，你要讓你的狗知道你確實和他們站在同一個立場上，這樣他們就會以最大的忠誠來回報你。

你的意志力會影響到你的銷售業績，同樣的，你對屬下的銷售狗的判斷與期待也將阻撓或促進他們取得非凡的成功業績。如果你對你下屬的期待懸掛在他的眼前方，那麼他一定會努力朝著這個方向努力，所以這種期待基本都會決定著他將取得的成績。

國家圖書館出版品預行編目資料

GoGo行銷故事書／陳東陽著.
初版－－台北市：知青頻道 出版
紅螞蟻圖書發行，2006〔民 95〕
　　面　　　公分
ISBN 957-0491-68-X (平裝)

1.銷售 2.銷售員
496.5　　　　　　　　　　95006494

GoGo行銷故事書

作　　　者／陳東陽
發 行 人／賴秀珍
榮譽總監／張錦基
總 編 輯／何南輝
文字編輯／林芊玲
美術編輯／林美琪
出　　　版／知青頻道出版有限公司
發　　　行／紅螞蟻圖書有限公司
地　　　址／台北市內湖區舊宗路二段 121 巷 28 號 4F
網　　　站／ www.e-redant.com
郵撥帳號／ 1604621-1　紅螞蟻圖書有限公司
電　　　話／(02)2795-3656（代表號）
傳　　　眞／(02)2795-4100
登 記 證／局版北市業字第 796 號
港澳總經銷／和平圖書有限公司
地　　　址／香港柴灣嘉樂街 12 號百樂門大廈 17F
電　　　話／(852)2804-6687
法律顧問／許晏賓律師
印 刷 廠／鴻運彩色印刷有限公司
出版日期／ 2006 年 5 月　第一版第一刷

定價 220 元　　　港幣 73 元

ISBN 957-0491-68-X　　　　　　　Printed in Taiwan